SERIES
03

KB160551

최근 출제경향을 완벽하게 분석한 **건축사자격시험대비**

건축설계2

김영훈 · 김보근 · 원미영 · 김보선
정선교 · 오세문 · 안대호 · 서연주
강태구 공저

ARCHITECTURE

본 교재는 과목별로 3권으로 나뉘며, 과목마다 소과제별로 출제기준 및 핵심정리,
이론 및 계획, 익힘문제 및 연습문제를 수록하여 자가학습이 가능하도록 하였다.

- [1권-대지계획] 대지와 연관된 내용을 평가하며, 대지분석 · 대지조닝 · 지형계획 ·
  대지단면 · 대지주차 · 배치계획을 다룬다.
- [2권-건축설계1] 각 실별 기능 구성과 관련된 사항을 평가하며, 평면설계를 주로 다룬다.
- [3권-건축설계2] 건물 구성의 기술적 측면을 평가하며, 단면설계 · 계단설계 · 지붕설계 ·
  구조계획 · 설비계획을 다룬다.

예문사

건축설계는 대지를 읽는 초기단계에서부터 건축설계자의 사고, 건축주의 요구사항, 건축개념의 설정 등을 거치며 물리적 형태로 만들어가기 위한 일련의 설계작업을 말한다. 이 과정은 기획, 계획, 설계 등의 단계로 나누어 볼 수 있는데, 건축사 자격시험에서는 계획과 설계의 기본능력을 평가하고 검증한다. 건축사로서 지녀야 할 설계업무의 기본적 능력을 크게 대지 및 건물과 관련하여 분류하고 다시 각각에 해당하는 소과제 형식으로 세분화하여 문제를 출제하게 되는 것이다.

따라서 본 교재는 각 과목별로 제1권 [대지계획], 제2권 [건축설계 1], 제3권 [건축설계 2]로 분권하여, 해당 과목 안에서 소과제별로 출제기준, 이론 및 계획, 익힘문제 및 연습문제를 수록함으로써 자가학습이 가능하도록 구성하였다.

[대지계획]은 대지와 연관된 내용을 세부적으로 나누어 평가하며, 대지분석 · 대지조닝 · 지형계획 · 대지단면 · 대지주차 · 배치계획이 그 내용에 해당한다.

[건축설계 1]은 건축설계의 가장 중요한 내용으로서 각 실별 기능 구성과 관련된 사항을 평가하는데, 평면설계가 그 내용에 해당한다.

[건축설계 2]는 건물을 구성하는 기술적 측면의 내용을 세부적으로 나누어 평가하는데, 단면설계 · 계단설계 · 지붕설계 · 구조계획 · 설비계획이 그 내용에 해당한다.

이러한 구성적 특징과 더불어 이론의 정립과 문제의 접근방법 등을 최대한 이해하기 쉽도록 저술하는 데 초점을 맞추었으며, 실전에 바로 적용할 수 있는 계획 프로세스를 수록하고 있다는 것이 이 책의 가장 큰 장점이자 특징이라 할 수 있다.

오랜 동안의 강의경험을 바탕으로 수험생들에게 가장 효과적인 안내서가 될 수 있는 교재를 만들고자 최선의 노력을 기울였으나 미비한 점이 없지 않을 것이다. 독자들의 애정 어린 질책과 격려를 바탕으로 더 좋은 교재로 다듬어나갈 것을 약속드리며, 출간을 위해 많은 도움을 주신 카이스에듀와 도서출판 예문사에 감사의 인사를 전한다.

끝으로, 건축사 자격시험은 좋은 교재의 선택도 중요하지만 수험생 각자의 의지와 노력이 가장 중요하다는 것을 기억하고 이 교재를 길잡이 삼아 부디 좋은 결실을 거두길 바란다.

저자 일동

목차

Contents

제1장 단면설계

1. 개요 · · · · · · · · · · · · · · · 12
01 출제기준
02 유형분석

2. 이론 · · · · · · · · · · · · · 16
01 단면설계의 이해
02 평면분석
03 단면설계요소 및 형태계획
04 체크리스트
05 사례

3. 익힘문제 및 해설 · · · · · · · 74
01 익힘문제
02 답안 및 해설

4. 연습문제 및 해설 · · · · · · · 78
01 연습문제
02 답안 및 해설

제2장 계단설계

1. 개요 · · · · · · · · · · · · 90
01 출제기준
02 유형분석

2. 이론 · · · · · · · · · · · · 94
01 계단설계의 이해
02 평면현황분석
03 계단계획
04 홀형식
05 코어(CORE)형식
06 체크리스트
07 사례

3. 익힘문제 및 해설 · · · · · · 148
01 익힘문제
02 답안 및 해설

4. 연습문제 및 해설 · · · · · · 152
01 연습문제
02 답안 및 해설

제3장 지붕설계

1. 개요 · · · · · · · · · · · · 162
01 출제기준
02 유형분석

2. 이론 · · · · · · · · · · · · 166
01 지붕의 이해
02 평면현황분석
03 경사지붕계획
04 평지붕 계획
05 체크리스트
06 사례

3. 익힘문제 및 해설 · · · · · · 202
01 익힘문제
02 답안 및 해설

4. 연습문제 및 해설 · · · · · · 206
01 연습문제
02 답안 및 해설

목차

c·o·n·t·e·n·t·s

제4장 구조계획

1. 개요 · · · · · · · · · · · · · · · **216**
  01 출제기준
  02 유형분석

2. 이론 · · · · · · · · · · · · · · · **220**
  01 구조계획의 이해
  02 구조물에 작용하는 하중
  03 구조물의 분류
  04 각부 구조계획

3. 익힘문제 및 해설 · · · · · · **264**
  01 익힘문제
  02 답안 및 해설

4. 연습문제 및 해설 · · · · · · **268**
  01 연습문제
  02 답안 및 해설

제5장 설비계획

1. 개요 · · · · · · · · · · · · · · **280**
   01 출제기준
   02 유형분석

2. 이론 · · · · · · · · · · · · · **284**
   01 천장시스템
   02 조명설비
   03 반자 그리드 및 조명등 배치
   04 공조설비
   05 공조설비계획
   06 소방설비
   07 스프링클러 헤드 배치계획
   08 친환경설비계획
   09 계획프로세스 및 체크리스트
   10 사례

3. 익힘문제 및 해설 · · · · · · **344**
   01 익힘문제
   02 답안 및 해설

4. 연습문제 및 해설 · · · · · · **350**
   01 연습문제
   02 답안 및 해설

범례

1. 개요

출제기준
각 소과제별로 법령에 공지된 출제 기준을 수록하여 평가요
소가 무엇인지 이해할 수 있도록 하였다.

출제유형
각 소과제별로 공지된 출제유형을 수록하여 수험준비 방향을
제시할 수 있도록 하였다.

2. 이론

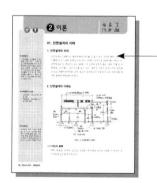

각 소과제를 해결하기 위한 Data를 수록하여 시험에서 다루
어질 수 있는 내용을 정리하였으며 문제를 해결하기 위한 계
획방향을 제시함으로써 각 문제의 계획프로세스 구축이 용이
하도록 하였다.

3. 익힘문제 및 해설

익힘문제

소과제의 문제를 풀기 위해서는 이론과 계획에서 다루어졌던
내용을 응용하여야 한다.
이때 각 문제의 작은 단위를 이해할 수 있도록 구성한 것이
익힘문제이다.

4. 연습문제 및 해설

연습문제

익힘문제의 소단위를 조합하면 연습문제가 된다. 연습문제는
계획 Process에 따라 접근하는 것이 계획시간의 단축과 실수
를 줄일 수 있는 방법이다. 또한 연습문제에서는 출제유형을
이해하도록 한다.

제1장

단면설계

1. 개요
01 출제기준
02 유형분석

2. 이론
01 단면설계의 이해
02 평면분석
03 단면설계요소 및
   형태계획
04 체크리스트
05 사례

3. 익힘문제 및 해설
01 익힘문제
02 답안 및 해설

4. 연습문제 및 해설
01 연습문제
02 답안 및 해설

① 개요

01. 출제기준

⊙ 과제 개요

제시 조건에 의거 단면도를 작성하게 하여 건축물 수직방향의 구성요소(기초 · 바닥 · 기둥 · 벽 · 천장 · 계단 · 각종 샤프트 등의 구조, 마감 및 각종 설비 등)에 대한 지식과 도면상 표현 능력을 측정한다.

⊙ 주요제시조건

① 주변 상황, 각 공간의 기능, 천장고, 층고 등
② 건축물의 평면, 입면, 구조, 마감 및 건축설비 등

이 기준은 건축사자격시험의 문제출제 및 선정위원에게는 출제의 중심 내용과 방향을 반영하도록 권고 · 유도하고, 응시자에게는 출제유형을 사전에 파악하게 하기 위한 것입니다. 그러나 문제출제 및 선정위원에게 이 기준의 취지를 문자 그대로 반영하도록 강제할 수 없으므로, 응시자는 이 점을 참고하여 시험에 대비하시기 바랍니다.

– 건설교통부 건축기획팀(2006. 2)

02. 유형분석

1. 문제 출제유형(1)

✚ 제시조건을 고려한 천장고 및 층고 산정 및 단면설계

주변 상황과 평면의 기능을 고려하고 천장높이 및 층고를 조절하며 2층 이상인 건물의 단면
을 결정하는 능력을 측정한다.

예. 기존 도서관과 주민편의시설의 평면과 입면을 제시하고, 이 두 건물을 연계하도록 구
조, 설비, 전시 조건 등을 만족하는 신축 미술관의 단면을 설계한다.

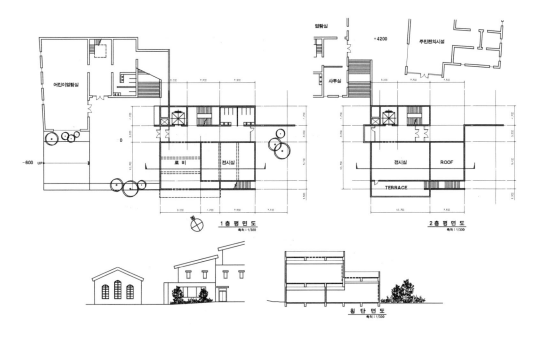

[그림 1-1 단면설계의 출제유형 1]

2. 문제 출제유형(2)

✚ 제시조건에 따른 기존 건물의 단면 재구성

요구되는 기능에 대응하도록 기존 건물의 단면 형태나 층고를 바꾸거나 기존 단면을 부분적으로 재구성하는 능력을 측정한다.

예. 물류창고로 쓰이던 건물 골조를 철거하지 아니하고 내부를 리모델링하여, 소요 천장 높이를 갖는 방으로 구성된 일정 규모의 주민편의시설의 단면을 계획한다.

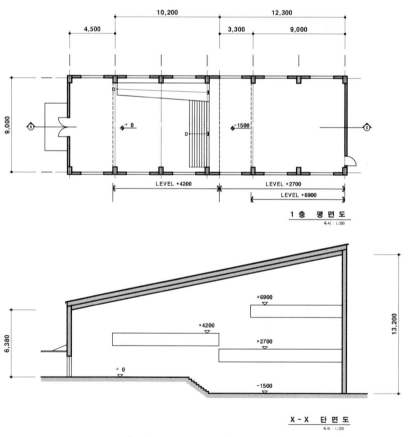

[그림 1-2 단면설계의 출제유형 2]

3. 문제 출제유형(3)

✚ 실시설계를 위한 단면상세도 작성

실시설계를 위한 단면도의 이해 능력과 상세도면 작성 능력을 측정한다.

예. 각 층 부분 평면도와 실내재료마감표 및 부분 상세도를 이용하여 요구하는 부분의 단면
상세도를 작성한다.

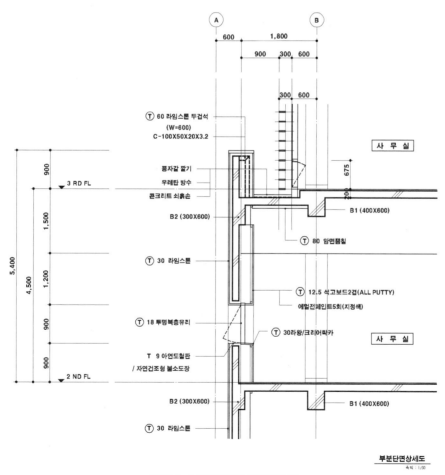

[그림 1-3 단면설계의 출제유형 3]

② 이론

01. 단면설계의 이해

1. 단면설계의 의의

단면설계는 2차원적인 평면도에서 나타낼 수 없는 구조 단면의 형태, 설비 시스템의 수직적 표현 등의 높이를 갖는 3차원적 도면으로 표현해내는 과정이다. 단면의 높이를 결정짓는 요소 중에는 각 공간의 성격 및 용도, 외부 지형 및 지반상황, 구조형식, 설비시스템 등이 있다. 평면은 건축가 임의적으로 결정할 수 있는 사항임에 반하여 단면 결정은 사전에 구조 전문가 및 설비 전문가의 의견을 충분히 반영하여야 한다.

2. 단면설계의 이해도

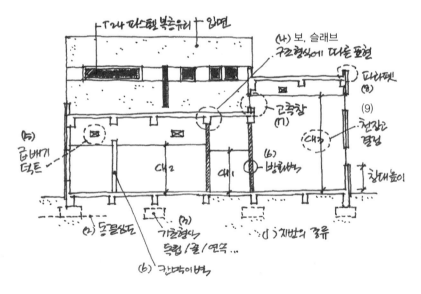

[그림 1-4 단면설계의 이해도]

(1) 지반의 종류

암반, 자갈층, 모래층, 실트층, 점토층, 연약 흙층 등으로 구분할 수 있으며 기초계획과 밀접한 관계가 있다.

● 단면설계

단면설계는 건축물의 수직적 요소, 구조, 전기, 기계적 요소, 옥외 지반레벨, 지반 속 상황 등의 자연적 요소, 법률적 조건, 공간의 기능성 및 이용자 특성 등의 사회적 요소가 건축물의 수직 형태에 미치는 영향을 수험자가 이해하고 계획할 수 있는지를 평가하는 데 목표가 있다.

● 계획방법의 비교

① 단면설계 : 시공 순으로 계획 접근
② 구조설계 : 힘의 흐름 순으로 계획 접근

● 반자높이

건축법상 일반 거실의 반자 높이는 2.1m 이상으로 규정되어 있으며 문화 집회, 장례식장, 주점 영업장 등으로 일정 면적 이상의 반자 높이는 4.0m 이상으로 규정되어있다.

(2) 동결선 / 동결심도

기초 저면은 반드시 동결선 이하에 설치되어야 한다.

(3) 기초구조의 종류

- 얕은 기초 : 독립 기초, 복합 기초, 연속 기초, 온통 기초 등을 말한다.
- 깊은 기초 : 말뚝 기초, 피어 기초, 케이슨 기초 등을 말한다.

(4) 보 / 슬래브의 종류

건축물의 구조에 따라 보 및 슬래브의 형상이 달라지며 단면절단선의 위치에 따라 구조체의 단면 또는 입면을 표기하여야 한다.

(5) 급 배기 덕트 / 급 배기 그릴

실내공조를 위한 덕트의 설치는 천장 내부를 통하여 배관이 이루어지며, 덕트의 크기(덕트 춤)는 층고의 결정에 영향을 미치게 된다.

(6) 내력벽 / 장막벽(칸막이벽) / 내화벽

건축물의 구조부재로 하중을 전달하는 벽체는 내력벽이며, 단순한 칸막이 벽의 기능은 장막벽이다. 또한 방화 및 내화와 같은 특수 목적을 갖는 방화벽(또는 내화벽)은 상하단 슬래브 면에 밀실하게 시공되어야 한다.

(7) 고측창

벽체의 높은 측에 설치되는 창의 형태이며, 창 하부의 방수턱 설치 여부를 주의 깊게 파악한다.

(8) 파라펫

파라펫은 이용자의 안전과 지붕층의 우수 등을 효율적으로 관리하기 위하여 필요하다.

(9) 천장고

각 실의 적정한 천장고를 이해하고, 특히 다른 실과 고측창에 의해서 영향을 받는 높은 실의 천장고 계획에 유의한다.

02. 평면분석

1. 평면현황분석

(1) 단면선

① 평면에 표시된 단면절취선의 위치를 분석한다.

② 절취선을 기준으로 단면, 입면을 구분한다.

③ 단면절취선이 꺾여 있을 때의 실변화에 주의한다.

● 단면설계

단면설계는 건축물의 수직적 요소, 기계적 요소, 사회적 요소, 옥외 지반레벨 등의 자연적 요소 등이 건축물의 수직 형태에 미치는 영향을 이해하고 계획하는 것

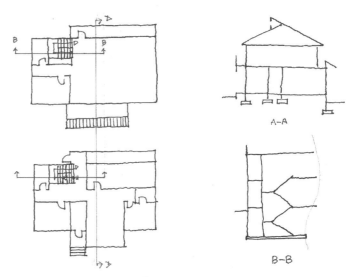

[그림 1-5 단면선]

(2) 레벨

① 지표면레벨

• 1층 바닥레벨과의 높이 차이에 주의한다.

• D.A, 발코니 등의 돌출 높이를 확인한다.

• 계단단수 및 장애인용 경사로 길이를 산정한다.

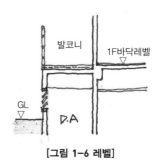

[그림 1-6 레벨]

● 층바닥의 레벨차

Skip Floor

[그림 1-8 각층바닥의 레벨차]

② 층별레벨
  • 바닥마감 기준 : 'EL' 또는 'FL'로 제시된다.
  • 구조체 바닥기준 : 'SL'로 제시된다.

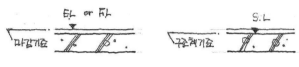

[그림 1-7 층별레벨]

(3) 방위

① 창문
  • 천창, 고측창 : 경사방향에 주의하여 표현한다.
    (예 채광을 고려 : 남측하향)

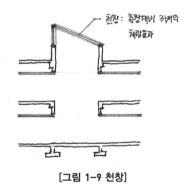

[그림 1-9 천창]

  • 루버 : 남측은 수평루버, 동측 및 서측은 수직루버를 계획한다.

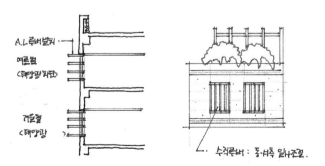

[그림 1-10 루버]

② 신재생에너지

- 태양광전지패널
  천창겸용 태양광전지패널
  (BIPV)과 일반적인 태양광
  전지패널(PV)을 구분한다.

- 광선반
  수평루버를 반사율이 높은
  재료로 설치한다.

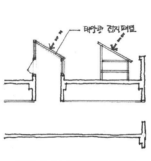

[그림 1-11 태양광전지패널]

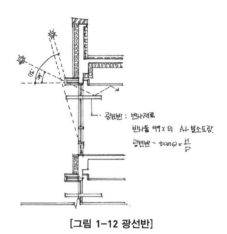

[그림 1-12 광선반]

2. 유형분석

(1) 구조형식의 차이

- 철근콘크리트조 : 보두께에
  슬래브두께 포함

- 철골조 : 보두께와
  슬래브 두께는 별도

[그림 1-13 구조형식]

(2) 층고결정방법

- 일반단면형 : 1층레벨 및 층고 제시 또는 각층 레벨 제시
- 층고결정형 : 1층레벨 제시 후 각층 각 부분의 요소를 고려하여 층고 결정

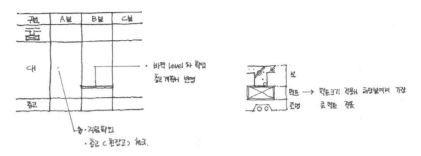

[그림 1-14 층고결정방법]

※ 층고계획

층고계획에서는 각 실별 소요 높이를 계산하고 해당 층에서 가장 불리한 층고의 실을 파악하여 결정하도록 한다. 이때 구조의 형식에 따라 철골조의 경우에는 슬래브의 두께를 별도로 산정하여 층고에 반영하며, 철근콘크리트 라멘조일 경우에는 보의 단면에 슬래브의 두께가 포함되어 있으므로 별도의 높이로 산정하지 않는다. 층고계획에서 공조설비를 위한 덕트의 크기가 위치에 따라 달라지므로 각 실에서 소요높이가 달라질 수 있으며, 덕트의 설치 범위에 따라 층고가 변화될 수 있음에 주의하도록 한다.

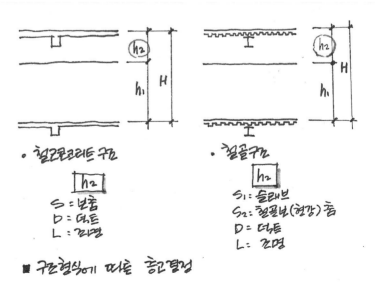

●**단면에서의 덕트공간**

단면 층고의 검토시 특별한 조건이 없다면 덕트의 굴절은 가장 큰 덕트의 범위 내에서 검토한다.

●**층고결정시 체크사항**

① 각 실의 천장고
② 각 실의 천장내부 높이
  • 구조부재
  • 덕트공간
  • 조명공간

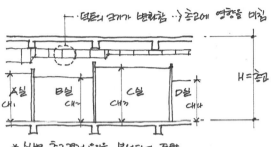

[그림 1-15 층고의 산정]

〈층고 결정 예〉

각 층별로 실별 소요높이(천장고+조명설비공간+덕트공간+보춤)를 산정하고 해당 층에서 가장 높은(불리한) 층고를 그 층의 층고로 결정한다. 이때, 각 실별 덕트 크기를 정확히 파악해야 한다.

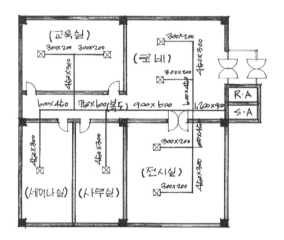

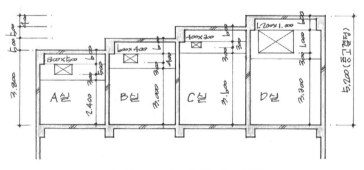

[그림 1-16 덕트에 의한 층고 산정]

●단면설계의 요소

① 건축공간의 구성 요소
 ・천장고
 ・창호
② 단면의 구조 요소
 ・기초
 ・계단
 ・기둥
 ・보
 ・바닥(슬래브)
 ・벽
③ 단면의 마감 요소
 ・바닥(내・외부)
 ・벽체(내・외부)
 ・천장
 ・지붕
④ 단면의 설비 요소
 ・공기조화설비
 ・조명설비
 ・소방설비
 ・친환경설비

03. 단면설계요소 및 형태계획

・개요

건축물을 구성하는 기본적인 요소는 구조체이며 이를 바탕으로 창호 및 마감 등을 덧대어 공간을 형성하게 된다. 단면설계는 건축물의 공간적 이해를 돕고자 작성되는 것이며, 2차원 도면에 수직체계를 반영하여 공간적 구성을 보여주게 된다.

단면설계에서 표현되는 내용에는 공간적 크기를 제시하는 수직 높이의 치수가 있으며, 단면의 형상을 보여주는 구조체가 있다.

단면의 구조체를 기본으로 하여 각종 마감을 표현하여 마무리하게 되며 바닥, 벽, 지붕 등의 마감 형식과 소요 치수, 재료의 특징 등을 이해하여야 제대로 된 건축물을 보여주게 된다.

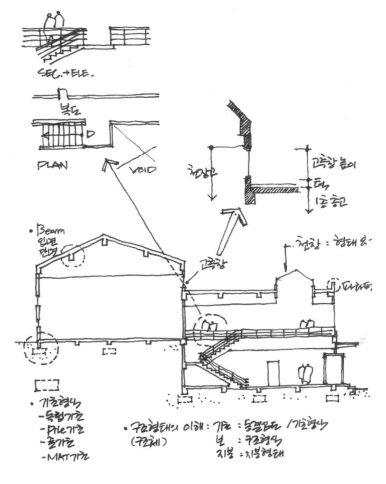

[그림 1-17 단면설계의 요소]

● **기초의 정의**

① 기초(Foundation, Footing)
란 건물의 최하부에서 건
물의 하중을 지반에 안전
하게 전달시키는 구조부
② 기초 구조부란 기초판 +
지정 부분을 말함

1. 기초

건물의 하중 및 건물에 가해지는 각종 하중을 안전하게 지반에 고정시키고, 건
물의 허용 이상의 침하 · 경사 · 이동 · 변형 · 진동 등의 장애가 일어나지 않게
하는 것을 목적으로 하는 구조물이다.

기둥이나 내력 벽체로부터 받을 하중을 지반에 전달한다.

(1) 종류

① 직접기초(얕은 기초)

기초로 전달된 하중을 직접 지반에 전달하는 기초형태로 독립기초, 복합기
초, 줄기초, 연속기초, 온통기초(매트기초, 전면기초) 등이 있다.

② 간접기초(깊은 기초)

양호한 지반면이 기초면보다 3m 이상 깊게 위치하여 간접적인 지지체인 말
뚝(Pile), 피어(Pier), 잠함 등을 활용한 기초형태로 말뚝기초(Pile 기초), 피어
기초(우물통기초) 등이 있다.

(2) 기초의 분석

① 독립기초

- 하나의 기둥을 하나의 기초가 받치는 기초형식이다.
- 부동 침하의 우려가 있으므로 지중보를 설치한다.
- 기초판의 크기와 높이는 기둥 경간과 밀접한 관계가 있다.

  예를 들면 기둥 경간이 2배가 되면 기초판의 면적도 2배가 되어야 하며 두
  께도 커져야 한다.

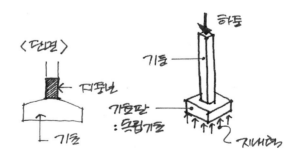

[그림 1-18 독립기초]

② 복합기초

- 하나의 기초판 위에 2개 이상의 기둥이 놓이는 기초 형식이다.
- 두 기둥의 거리가 가깝거나 지내력이 작아 독립기초로 하기 어려운 경우에 적용하며 기초판의 형태는 주로 사다리꼴 형태이다.

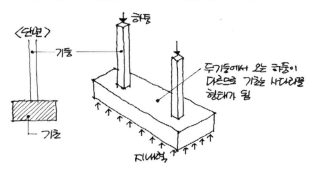

[그림 1-19 복합기초]

③ 줄기초

- 내력벽의 하중을 지지하기 위한 연속기초형식이다.
- 조적벽체 및 벽식 구조에 적용한다.

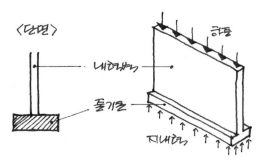

[그림 1-20 줄기초]

④ 연속기초

- 연속적으로 설치된 기둥의 하중을 지지하기 위한 기초형식이다.

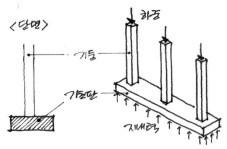

[그림 1-21 연속기초]

⑤ 온통기초(매트기초, 전면기초)
  • 하나의 기초판 위에 건물 전체의 기둥이 지지되는 기초형식이다. 지반이
    불량하여 독립기초로 할 경우에 기초판의 면적이 너무 커질 때 사용한다.
  • 주로 지하층 E/V, PIT가 있는 경우의 기초형식

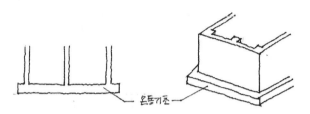

[그림 1-22 온통기초]

※ 장선식 온통기초
  – 온통기초의 아래 또는 윗면에 격자 장선을 보강한 온통기초 형식이다.

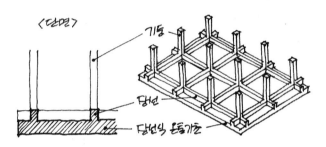

[그림 1-23 장선식 온통기초]

※ 공동식 온통기초
  – 철근콘크리트 슬래브와 지하 벽체를 갖춘 지하 구조물로 된 온통기초
    형식이다.

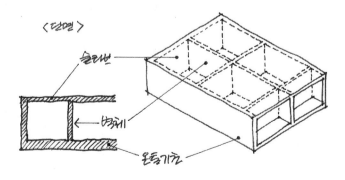

[그림 1-24 공동식 온통기초]

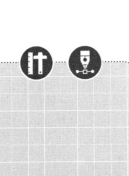

⑥ 말뚝기초(Pile 기초)

　지반 상태가 많이 불량하여 허용지내력을 확보할 수 있는 지반까지 Pile을 박고 그 파일 위에 기초가 놓이는 기초형식으로 역학적으로 지지말뚝, 마찰말뚝, 다짐말뚝으로 분류된다.

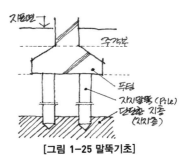

[그림 1-25 말뚝기초]

(3) 동결선

① 동결선 상부에 기초가 위치할 경우 지반이 얼면서 부피가 팽창해 기초가 들어올려지게 되고 해빙기에 다시 침하함으로써 건축물의 균열원인이 된다. 그러므로 건축물의 기초 저면은 동결선 이하에 위치하여야 한다.

② 동결선의 깊이를 고려하여 구조적으로 안전한 기초깊이를 확보한다.

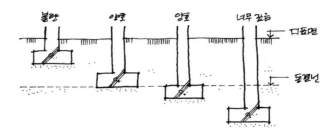

[그림 1-26 동결선]

③ 내부기초의 경우는 동결선을 고려하지 않아도 되나 일반적으로는 주변의 기초 깊이를 고려한다.

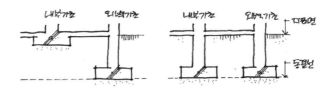

[그림 1-27 내부기초의 위치]

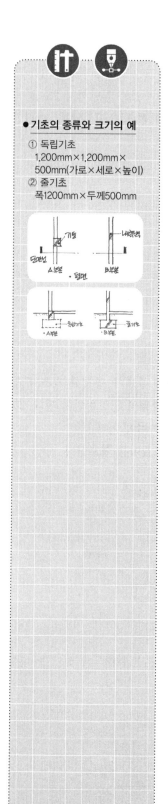

(4) 단면형태계획

① 줄기초, 연속기초, 매트기초인 경우에는 단면상에 실선으로 표현되며, 독립기초인 경우에는 단면상으로 직접 보이지 않을 때 점선으로 표현한다.

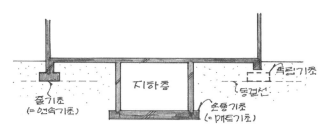

[그림 1-28 기초의 형태]

② 독립기초의 위치 계획시 기둥의 중심축을 고려한다.(보와 기둥의 크기가 다를 경우 주의)

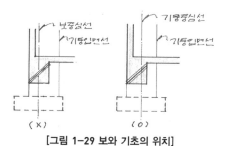

[그림 1-29 보와 기초의 위치]

③ 기초의 깊이는 동결선을 고려하여 표현한다.(GL에서 1000mm)

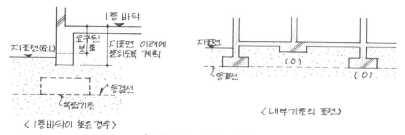

[그림 1-30 기초의 표현]

2. 기둥

높이가 단면 최소치수의 3배 이상인 수직 또는 수직에 가까운 압축 부재를 말하며 보나 슬래브로부터 받은 하중을 기초에 전달한다.

(1) 종류(재질)

① RC 기둥 : 띠철근기둥(사각형 단면), 나선철근기둥(원형 단면)
② SC 기둥 : H, □, ○ 형태의 형강 사용
③ SRC 기둥 : 구조용 강재를 축방향으로 보강한 기둥

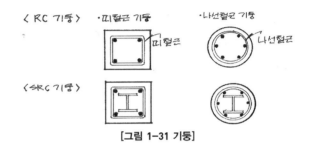

[그림 1-31 기둥]

(2) 크기 및 형태확인

① 층별, 축열별로 다르게 지정될 경우
② 원기둥, □기둥

(3) 형태계획

기둥은 기초의 위치 결정과 보의 위치 결정의 단서가 되므로 평면에서 위치 파악이 중요하다.

① 단면상에서 기둥은 주로 입면으로 표현되며 가는 실선으로 표현한다.
② 외벽부분의 기둥뿐 아니라 외부 또는 내부에 노출된 기둥의 입면 표현이 누락되지 않도록 주의한다.

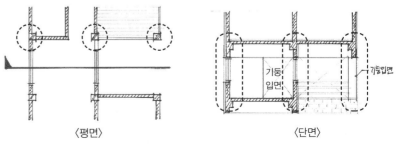

〈평면〉　　　　　　　　　　〈단면〉

[그림 1-32 기둥표현]

(4) 기둥의 간격(Span)

기둥의 간격에 따라 보의 춤이 달라지므로 층고에 영향을 미치게 된다. 즉, 기둥 간격이 커질수록 보의 춤(보깊이)도 커진다.

① 보의 춤은 스팬의 간격에 따라 달라지며, 아래 그림에서 Span 간격 L2의 보 춤이 L1 보다 크게 계획된다.

② 보의 춤은 층고의 결정에 영향을 미친다.

③ Span의 간격은 보의 춤에 영향을 미치며 층고의 결정 요인 중 하나이다.

④ 외부에 노출된 기둥과 보의 표현에 주의하고 입면 표현 요구 시 반영하도록 한다.

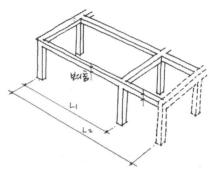

[그림 1-33 기둥의 간격]

3. 보

슬래브로부터 받은 하중을 수직재인 기둥에 전달하는 수평 구조 부재로 Beam과 Girder가 있다.

(1) 보의 종류

① 큰보(Girder)

기둥과 기둥을 연결하는 구조부재로 슬래브나 작은보로부터 받은 하중을 기둥에 전달한다.

② 작은보(Beam)

- 큰보와 큰보를 연결하는 구조부재로 슬래브로부터 받은 하중을 큰보에 전달한다.
- 일반적으로 Span의 장변방향으로 계획한다.

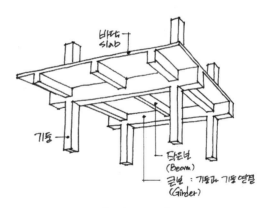

[그림 1-34 보]

(2) 크기확인

- 층별, 부위별로 다르게 지정될 경우에 주의한다.
- 예 1층보는 지중보, 2,3층보는 지붕층보

(3) 보계획

- 구조형식에 따라 철골방식과 철근콘크리트방식으로 표현하며, 평면에서 단면선의 위치에 따라 단면 또는 입면을 표현하도록 한다.

● 보(Girder & Beam)

건축물 또는 구조물의 형틀 부분을 구성하는 수평 부재로서 구조방식에 따라 일반적으로 철골 또는 철근 콘크리트를 적용한다.

● 큰보(Girder)와 작은보 (Beam)

① 큰보는 기둥과 기둥을 연결하는 구조부재이고, 작은보는 큰보와 큰보를 연결하는 구조부재이다.
② 작은보의 위치
  - 일반적으로 Span의 장변방향으로 놓는다.
  - 기둥과 기둥 사이에 벽이 있는 경우 벽의 바로 밑에 위치한다.

● 지중보

땅속에 설치되어 기둥과 기둥을 잡아주는 구조부재로 주로 1층 바닥을 지지하는 보를 말함

● 보 규격의 일반적 적용기준 (단순보)

① 철근콘크리트 구조
  : $l/10 \sim l/12$ 기준
② 철골철근콘크리트 구조
  : $l/12 \sim l/15$ 기준

QUIZ 4.

● **작은 보 배치 계획**

다음 스판에 작은보를 적절하게 배치하시오.

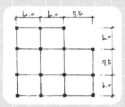

QUIZ 4. 답

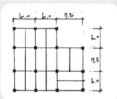

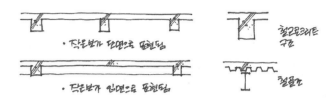

[그림 1-35 작은보의 표현]

• 1층 바닥이 높은 경우

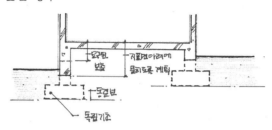

[그림 1-36 지중보]

(4) 보의 단면

① 보의 단면

보의 중앙부 단면은 수직 하중에 의해, 단부는 수직 하중과 수평력에 의해 결정된다.

② 보춤(D)
- 철근콘크리트(RC조) : 경간(l)의 1/16 이상

  예 10m, 10/16=0.625m
- 철골조(SC조) : 경간(ℓ)의 1/20 이상

  예 10m, 10/20=0.5m

[그림 1-37 보의 규격]

③ 보폭(b)

보춤(D)의 1/2 ~ 2/3 정도로 계획한다.

④ 큰보의 길이(경간)
- RC조 10m 이내
- SC조 18m 이내

⑤ 보의 크기

철근콘크리트 보의 일반적 크기는 300mm×600mm 정도로 한다.

4. 슬래브(Slab)

건축공간의 1차적 하중의 전달을 담당하며 층별공간을 분할하는 부재이다. 바닥의 구성 방식은 철근콘크리트 구조와 철골 구조가 있으며 층고의 결정에서도 바닥판 두께포함 여부의 차이가 있다.

철근콘크리트 구조에서는 보의 춤에 바닥판의 두께를 포함하고 있으므로 별도의 두께를 층고에 반영하지 않지만, 철골 구조에서는 철골보의 춤을 별도로 언급하여 바닥판(Slab) 두께를 층고에 포함하여야 한다.

(1) 역할

① 자중은 물론 적재 하중(수직하중)을 작은보나 큰보에 전달한다.
② 수평하중(풍하중, 지진 등)을 기둥이나 전단벽(코어 등)에 전달한다.
③ 지하층의 슬래브는 토압과 수압에 저항하는 버팀대 역할을 한다.
④ 하중을 가장 먼저 받는 부재로 슬래브가 없다면 건축공간을 절대 활용할 수 없는 중요한 부재이다.

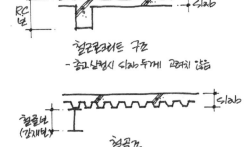

[그림 1-38 슬래브]

(2) 규격

① 일반적 Slab의 두께는 다음과 같다.
   • 120mm~150mm 정도이다.
   • 1방향 슬래브의 최대 Span은 4.5m 정도이다.
   • 2방향 슬래브의 가용 면적은 30m² 정도이다.

② 일반적으로 보에 의해서 지지되는 Slab의 넓이는 3.0m×6.0m 정도를 적용한다.

(3) 종류

하중이 슬래브로부터 기둥까지 전달되는 경로와 그에 따른 슬래브 형태에 따라 플랫플레이트, 플랫슬래브, 워플슬래브, 장선슬래브, 1방향슬래브, 2방향슬래브 등으로 분류된다.

① 1방향 슬래브

장변경간이 단변경간의 2배보다 큰 슬래브 형태로 하중이 1방향(단변방향)으로 전달되며, 구조적으로 안정된 슬래브 형태이다.

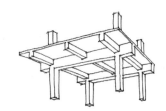

② 2방향 슬래브

장변경간이 단변경간의 2배 이하인 슬래브 형태로 하중이 2방향으로 전달된다. 2방향 슬래브인 경우 구조적으로 안정된 1방향 슬래브를 만들기 위해 중앙에 작은보를 장변방향으로 배치한다.

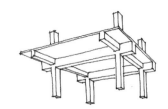

③ 평판(플랫플레이트)

보가 사용되지 않고 슬래브가 직접 기둥에 지지되는 슬래브 형태로 지판이나 주두가 없으며 경간이나 하중이 크지 않을때 사용한다. 경간이나 하중이 클 경우 플랫플레이트를 사용하면 기둥과 슬래브의 접합부위에 구조적 결함이 생길 수 있다.

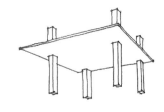

④ 무량판(플랫슬래브)

평판(플랫플레이트) 형태에서 기둥 주위에 지판이나 주두를 설치한 슬래브 형태로서 평판(플랫플레이트)의 단점을 보완한 형태이다. 따라서 플랫플레이트보다는 지지하중이나 경간이 커질 수 있다.

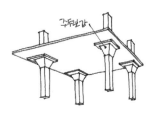

[그림 1-39 슬래브의 종류 1]

⑤ 장선슬래브

긴 경간에서 작은보(장선)를 좁은 간격으로 배
치하여 보의 춤을 줄이고, 슬래브를 1방향으로
하여 얇은 슬래브가 가능하도록 한 형태이다.

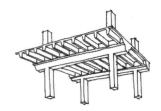

⑥ 워플슬래브

2방향 장선 슬래브로서 작은보(장선)가 2방향
으로 배열된 형태이며, 주로 큰 경간 슬래브에
적용된다.

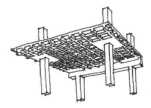

[그림 1-40 슬래브의 종류 2]

〈참고〉 콘크리트 바닥 슬래브

[표 1-1] 콘크리트 바닥 슬래브

종류		종류	
조립용 콘크리트 판	콘크리트 끝면처리 / 조립용 콘크리트왕 / 콘크리트 벽	강철 조이스트	콘크리트 슬래브 / 강철 홈데틀 / 강철 조이스트 / 천장
한방향 콘크리트 슬래브	콘크리트슬래브 / 콘크리트 벽	강철 프레임	콘크리트 슬래브 / 강철 홈데틀 / 강철 빔 / 천장
양방향 콘크리트 슬래브	콘크리트슬래브 / 콘크리트 벽 / 입면선 (누락주의)	강철 프레임	콘크리트 도면 / 조립용 콘크리트판 / 강철 빔 / 천장
한방향 리브 슬래브	콘크리트슬래브 / 리브 (조이스트)	강철 트러스	강철판 / 드러 (미들떼) / 강철 트러스
양방향 리브 콘크리트 슬래브 판	콘크리트슬래브 / 리브 (조이스트) / 입면선	강철 조이스트	콘크리트 / 강철홈예틀 / 강철 조이스트 / 천장

(4) 형태계획

바닥의 표현은 크게 문제될 것이 없으나, 동일 층에서 바닥의 레벨이 변화하여야 하는 경우 제시된 레벨을 정확히 반영한 단면이 되도록 한다. 지붕 바닥은 평지붕일 경우에는 파라펫의 높이에 주의하여 표현하며 경사지붕일 경우에는 박공지붕 또는 외쪽지붕 등의 지붕형식을 이해하여 작성하도록 한다.

특히 천창이 제시된 경우 천창의 단면형상에서 경사도와 천창의 높이 및 하부 방수턱의 높이 등이 정확히 반영되도록 한다.

① 슬래브의 두께

슬래브의 두께는 위치에 따라(지붕슬래브, 지하층 바닥 슬래브 등) 다르게 적용될 수 있다.

② 슬래브의 변화

• 슬래브의 일부가 레벨이 달라지거나 바닥이 Open되는 경우가 있으므로 형태 계획시 주의한다.

• 지붕 슬래브의 경우도 천창이 요구되면 슬래브가 Open 형태가 된다.

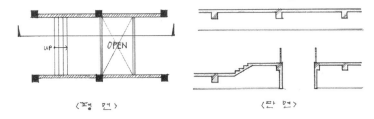

[그림 1-41 바닥의 표현]

③ 지층 바닥 슬래브

지상층과 연결되는 바닥판은 지표면의 레벨에 따라 다르게 구성될 수 있다. 이때 층고를 결정하는 사항과 밀접한 관련이 있으므로 가장 불리한 실의 층고를 수용할 수 있도록 결정한다.

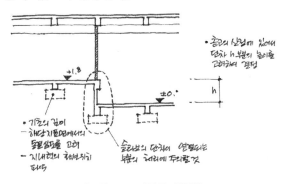

[그림 1-42 바닥의 레벨차]

(5) 바닥 마감

건축공간의 바닥은 실의 용도, 사용에 따른 마모성이나 하중 등을 고려하여 재료를 선택한다.

특히 바닥 마감의 결정시 Access Floor를 채택하게 되면 천장고와 층고의 결정 그리고 단면 표현에 주의하여야 한다.

① 일반적인 실의 바닥 마감

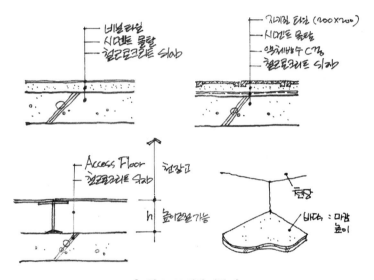

[그림 1-43 바닥 마감 1]

② Slab와 바닥마감

• 테라스 : 슬래브다운, 마감높이차　• Access Floor : 슬래브다운

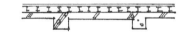

• 목재 플로링 : 슬래브다운

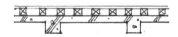

• 온수 온돌 난방 : Slab Down 없이 마감 or 슬래브다운

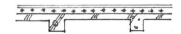

[그림 1-44 바닥마감 2]

※ Access Floor

바닥 마감 결정시 설비의 융통성을 확보할 수 있는 방식이며, 유효 천장고는 Access Floor의 바닥 마감면부터이므로 층고 계획시 천장고와 천장 내부공간 및 Access Floor 설치 높이를 고려하여야 한다.

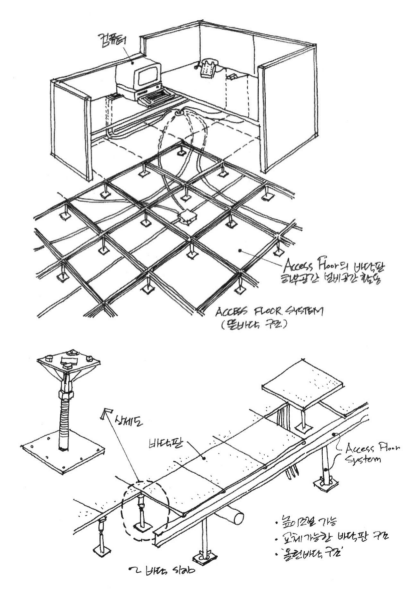

[그림 1-45 Access Floor]

※ 참고자료

「건축의 그래픽」
도서출판 골드
건축의 그래픽 편찬회 역

「건축설계대사전」
한국사전연구사
건축설계대사전 편찬회 편

● **벽체의 재질**
벽체의 재질이 지정된 경우에는 해당 범례에 따라 도면을 작성하여야 한다.

5. 벽체

건물의 내부공간을 구획하는 수직부재로 외부로부터 건축공간을 보호하고 각 기능별로 공간의 구획 및 분리가 가능하게 한다.

(1) 종류

벽체는 구조적 성능에 따라 내력벽과 비내력벽으로 나뉘며 적용되는 위치에 따라 내벽과 외벽으로 구분한다. 그 외에 기능에 따라 방화벽, 내진벽, 옹벽 등이 있다.

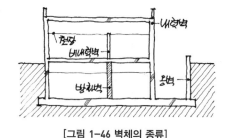

[그림 1-46 벽체의 종류]

(2) 특성

① 내력벽

- 한마디로 힘을 받는 벽체를 말한다.
- 상부에서 받은 하중을 보나 기둥, 하부벽체, 기초 등에 전달하는 구조부재이다.
- 내력벽체의 수선, 변경, 철거 시에는 구조적으로 많은 문제가 발생한다.
- 내력벽에 연결되는 기초는 줄기초의 형태가 된다.

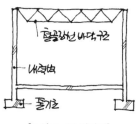

[그림 1-47 내력벽]

② 비내력벽

- 자체 하중만을 받고 상부에서 오는 하중은 받지 않는 벽체이다.
- 칸막이용 벽체이므로 수선 및 변경이 가능하며 철거 시에도 구조적으로 문제가 발생하지 않는다.

③ 내진벽

- 지진 등에 의한 수평력에 저항하기 위한 벽체이다.
- 두께는 18cm 이상으로 계획하며 가로 세로의 철근 배근 이외에 추가로 경사지게 철근을 배치하여 충분히 보강한다.

④ 방화벽

화재의 발생과 전이를 방지하기 위한 벽체형식이다.

⑤ 옹벽

    땅깎기 또는 흙쌓기 등을 한 비탈면이 흙의 압력으로 붕괴하는 것을 방지할 목적으로 설치한 벽을 말한다.

(3) 형태계획

① 내력벽과 비내력벽의 구분에 따라 벽체의 단면상 보여지는 부분이 다르게 된다. 즉, 내력벽은 구조체로서의 역할이 중요하므로 상부 하중을 전달할 수 있도록 상부바닥판과 구조적으로 결구되어야 한다. 또한, 칸막이벽과 내화 벽의 단면상 표현범위도 적합하게 표현되어야 하며, 내화벽(또는 방화벽)은 상하부 바닥판과 밀착되어야한다.

② 벽은 공간을 구분짓지만 연결시키는 역할도 하므로 개구부에 대한 단면의 표현도 신중히 검토하도록 한다. 출입문의 높이 또는 창호의 설치 높이 등은 단면상에서 바로 확인될 수 있는 부분이므로 평면에서 개구부가 설치된 부분은 단면상의 조건도 동시에 검토한다.

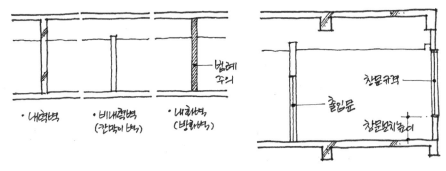

[그림 1-48 벽체의 표현]

(4) 벽체마감

① 내벽 마감

    내벽은 벽의 기능에 따라 설치 높이를 고려하여야 하며 칸막이 벽이라 하더라도 출입문의 설치 등을 고려하여야 한다.

    내벽에서의 마감은 홀 등의 주요공간이 대리석이나 석재 마감시 단면상 두께가 표현되어야 하며 일반적인 페인트, 벽지 등은 단면설계에서 표현되지 않아도 된다.

    (단, 단면상세를 작성할 경우에는 도면에 표기한다.)

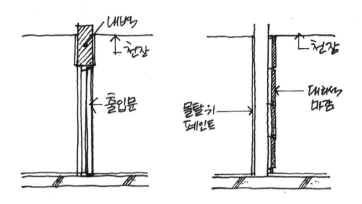

[그림 1-49 내벽 마감]

② 외벽 마감

외벽의 마감에서는 외단열 시스템 및 화강석 붙이기, 치장 벽돌마감 등의 재료와 소요 두께 및 시공방법 등을 이해해 두도록 한다.

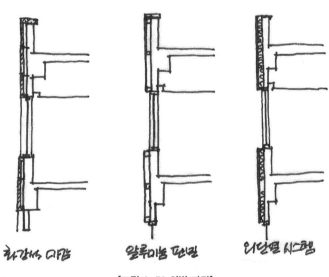

화강석 마감   알루미늄 판넬   외단열 시스템

[그림 1-50 외벽 마감]

6. 계단

(1) 계단 폭, 높이, 종류 확인

① 계단폭 : 1,200~1,500mm

② 높이 : 층고 고려(마감 두께 반영 시 주의)

③ 종류 : 꺾인계단(계단참) 또는 직선형 계단

● 계단의 검토사항

① 단높이 및 단너비
② 헤드룸(최소천장고)

● 계단의 표현

단면 또는 입면으로 표현되며 난간표현이 추가로 요구된다.

(2) 구성요소

① 단너비 : 일반적으로 260~300mm

② 단높이 : 일반적으로 150~180mm

③ 계단참 : 계단 높이 3m 이내 마다 참을 설치한다.

(3) 절단선 위치확인

① 단면절단선의 위치에 따라 단면으로 보여지는 부분과 입면으로 보이는 부분을 구분하여 표현한다.

② 난간의 표현(입면 또는 단면)이 요구된다.

(4) UP, DN 방향 확인

• 단면 또는 입면으로 표현되는 부분을 명확하게 표현한다.

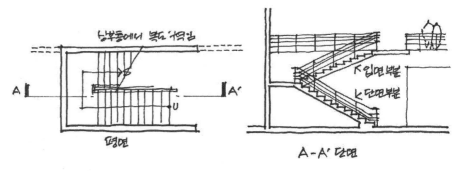

[그림 1-51 계단]

(5) 최소천장고(헤드룸) 검토

• 일반적으로 최소천장고는 2,100mm를 기준으로 한다.

(6) 최상층계단 – 옥탑 계획 여부 확인

7. 지붕

(1) 지붕의 종류

① 평지붕

- 수평형태의 지붕구조로 나타나게 되며 파라펫과 지붕의 변화 등을 표현하여야 한다.
- 지붕바닥 레벨의 변화는 높은 천장고의 요구 또는 고측창의 설치 등에 의하여 나타나게 되며, 변화구간에서의 구조처리에 주의하여야 한다.
- 천창의 설치 시에는 바닥이 Open되어야 하며, 이때 Open부 보강을 위하여 구조부재의 계획이 필요하다.

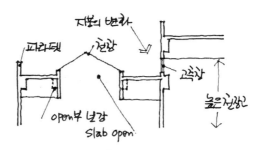

[그림 1-52 평지붕의 형태]

② 박공지붕

지붕의 형태뿐만 아니라 지붕마루 및 처마등의 높이도 정확히 결정하여야 한다.

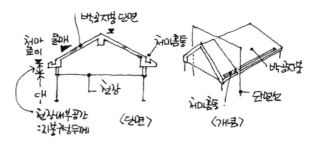

[그림 1-53 박공지붕의 형태]

● 박공지붕의 트러스구조

단면의 형태에서 목조트러스와 같은 구조형식의 적용 등을 이해하도록 한다.

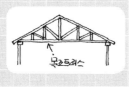

③ 모임지붕

단면상으로는 박공지붕과 유사하나 평면형태의 차이에 의한 입면 등의 표현
이 요구될 수 있다.

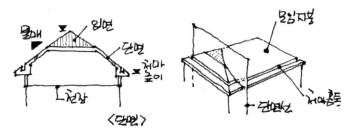

[그림 1-54 모임지붕의 형태]

④ 외쪽지붕

지붕의 경사방향을 달리하여 고측창을 설치할 경우 처마 및 지붕마루 높이
등의 정확한 계획이 필요하다.

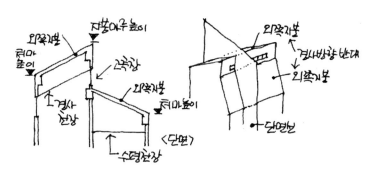

[그림 1-55 외쪽지붕의 형태]

(2) 지붕 마감

지붕은 자연환경으로부터 건축공간을 보호하기 위하여 필요할 뿐만 아니라 내부 환경의 공간을 구성하는 데 있어서도 중요한 역할을 한다.

지붕은 평지붕과 경사지붕의 형태로 나타내며 지붕의 마감은 외부의 환경으로부터 건축물을 보호할 수 있도록 구성되어야 한다.

① 평지붕의 마감

단열재의 설치 위치와 방수마감의 재료에 따라 다양한 마무리 공사가 있으며 아래 그림과 같이 여러 형태로 나타나게 된다.

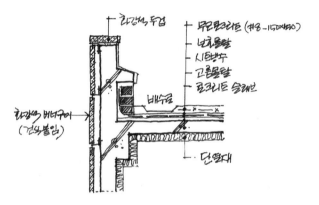

[그림 1-56 평지붕 마감]

② 경사지붕의 마감

지붕바닥의 마감재료를 아스팔트 슁글, 동판 등으로 할 수 있으며 처마 끝단에는 홈통을 설치하여 우수의 원활한 배수가 이루어질 수 있도록 한다.

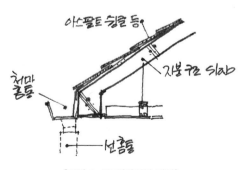

[그림 1-57 경사지붕 마감]

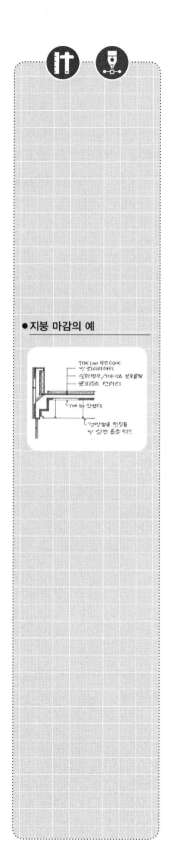

8. 천장

(1) 천장고, 반자높이

건축공간을 구성하는 기본요소는 벽과 바닥이다. 바닥을 아랫면과 윗면으로 구분할 수 있으며 윗 바닥면의 하부에는 구조부재와 설비를 위한 공간을 필요로 하게 된다. 이 공간과 실 사용 공간을 구분하는 마감이 천장이며 그 하부의 실 사용공간의 높이를 천장고라 한다.

각 실의 기능에 따른 일반적인 천장고는 다음의 기준을 참고한다.

① 거실 : 2.4m

② 사무실 : 2.5~2.7m

③ I.B.S : 2.7~3.0m(150mm 높이의 Access Floor System 필요)

④ 교실 : 2.7~3.0m

⑤ 식당 : 3.0m 기준, 3.0m³/인 이상

⑥ 회의실 : 3.0m 이상(잔향시간 고려하여 천장고 결정)

⑦ 다목적실 : 4.0~5.0m³/인

⑧ 강당 : 6.0~9.0m³/인(잔향시간 고려하여 천장고 결정)

　　• 건축법규 : 기계환기 장치가 없는 관람석 또는 집회실의 바닥 면적이 200m² 이상인 경우 4.0m 이상의 천장고 확보(노대 아랫 부분은 2.7m 이상)

⑨ 화장실 : 2.1~2.4m

⑩ 복도 : 2.1~2.4m(냉난방 덕트 설치 시 거실과 동일)

⑪ 기계실 : 4.0~6.0m

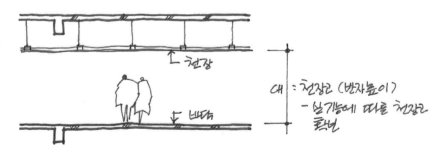

[그림 1-58 천장]

(2) 천장 마감

천장은 실내의 윗면을, 그 마무리에는 여러 가지 형식과 재료를 사용한다. 구성 상으로는 바닥하부를 천장으로 구성하는 방식과 천장틀을 이용하여 바닥구조 와 분리시켜 구성하는 방식이 있다. 특히, 천장틀을 구성하는 방식에서는 그 내 부공간을 설비용의 배관 및 배선을 위해 활용하게 되며, 단면설계에서는 충분한 설비 요구 공간이 확보될 수 있도록 고려하여야 한다.

① 천장의 형식

수평 천장이 일반적이며, 실의 용도에 따라 음향 효과를 원활히 하기 위한 호 형 천장, 설비용 배관이나 배선을 마무리하기 위한 단차 천장, 기타 의장적인 요구에 따라 아래 그림과 같은 형식이 사용된다.

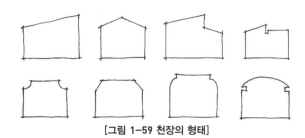

[그림 1-59 천장의 형태]

② 천장의 구성

직접 상부 바닥하부를 천장으로 이용하는 직접 천장과 반자틀을 활용하여 천 장을 구성하는 방식으로 구분할 수 있다.

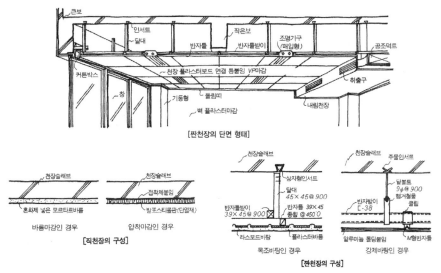

[그림 1-60 천장의 구성]

● 천장과 단면

단면계획에서 높이를 결정짓는 천장고와 천장내부 공간을 구분하는 것이 천장이며 층고 계획시 각각의 높이 파악이 중요하다.

※ 참고자료

「건축 Detail Bank」
시공문화사
건축정보센터 편

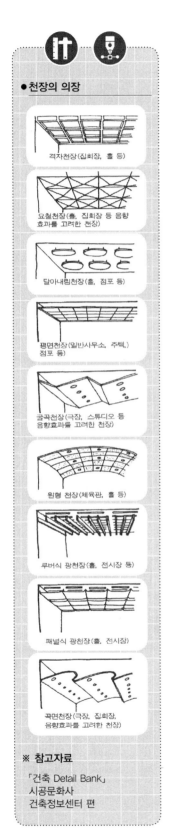

격자천장(집회장, 홀 등)

요철천장(홀, 집회장 등 음향 효과를 고려한 천장)

달아내림천장(홀, 점포 등)

평면천장(일반사무소, 주택, 점포 등)

굴곡천장(극장, 스튜디오 등 음향효과를 고려한 천장)

원형 천장(체육관, 홀 등)

루버식 광천장(홀, 전시장 등)

패널식 광천장(홀, 전시장)

곡면천장(극장, 집회장, 음향효과를 고려한 천장)

※ 참고자료

「건축 Detail Bank」
시공문화사
건축정보센터 편

③ 천장 구성의 상세

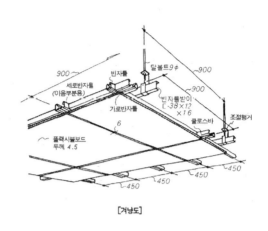

[겨냥도]

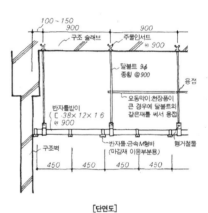

[반자틀 조립도]   [단면도]

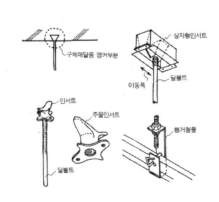

[달볼트의 설치요령]

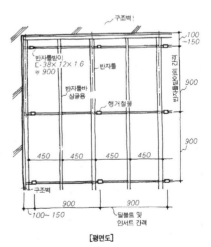

[평면도]

[그림 1-61 천장 상세도]

9. 창 호

건축공간의 실내환경을 좌우하는 채광과 환기를 위한 요소일 뿐만 아니라 내·외부의 시각적인 연결을 구성하는 중요한 요소이다. 창문의 형태, 크기, 방위, 조망 등 실내와 외부를 연결할 때 계획 기준이 되며, 외부에서의 창의 역할은 내부에 대한 Frame의 기능과 입면의 Design 요소로 검토되어야 한다.

단면설계에서 창호는 높이 및 크기 등이 표현되어야 하며, 채광조절을 위한 차양 등과 같이 고려되어야 한다.

(1) 창호의 기능

창호는 채광 및 환기 등에 중요한 역할을 하며, 추가적인 요소들에 의해 기능을 조절할 수 있다. 루버 및 블라인드는 채광을 조절하고 외부를 바라볼 수 있는 조망을 제공한다.

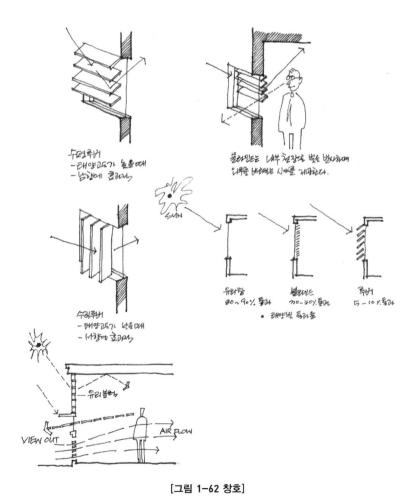

[그림 1-62 창호]

●창호계획 시 고려사항

· 채광
· 환기
· 조망

●단면설계 시 고려사항

· 창호의 설치 높이
· 창호의 수직 높이

● 창호의 높이 결정 요소

① 전면에 정원 등이 있어 전
망이 좋은 거실인 경우

② 계곡 등이 있어 전망이 좋
은 거실인 경우

③ 거실의 표준적인 높이(테
이블 높이)인 경우

④ 작업실인 경우

(2) 창호의 형태

① 일반창
- 외부의 좋은 조망에 대한 틀이 되도록 위치한 창문을 말한다.
- 주변의 환경을 최대한 고려하여 창의 크기를 계획하며 실내에서 외부에 대하여 양호한 조망이 확보될 수 있는 높이를 고려한다.

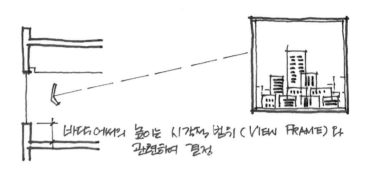

[그림 1-63 화면창]

- 수직 창틀에 의해서만 분할되는 수평 띠창을 말한다.
- 수평창의 위치는 상부 또는 하부에 설치 가능하며 실의 사용자들에게 그 높이에 따라 다양한 시각적 감흥을 제공한다.

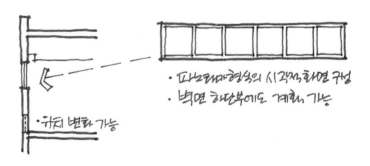

[그림 1-64 리본창]

② 고측창(Clerestory)
- 창의 안쪽 실내공간이 바깥쪽 지붕보다 높게 솟아올라 햇빛을 받아들이도록 한 창문을 말한다.
- 고측창은 낮은 지붕 위로 형성되는 사례를 주로 보이며, 고측창이 설치되는 실의소요 천장고를 산정하는 기준이 되기도 한다.
- 방수턱 : 빗물 등이 실내로 유입되는 것을 방지하는 역할을 한다.

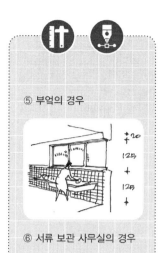

⑤ 부엌의 경우

⑥ 서류 보관 사무실의 경우

⑦ 클로크룸의 경우

※ 참고자료

「건축·인테리어 시각표현
사전」
도서출판 국제, 강병희 외

「건축설계자료 집성」
건우사, 건축시공연구회

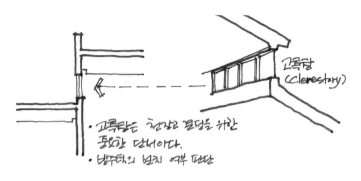

[그림 1-65 고측창]

③ 창문벽(Window Wall), 커튼월
  • 고정창과 개폐 가능한 창이 혼합되도록 수직 창틀과 수평 창틀을 조합한
    비내력벽을 말한다.
  • 냉교, 열교현상 차단을 고려한다.

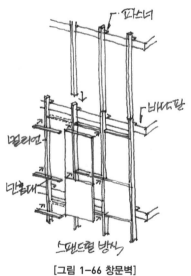

[그림 1-66 창문벽]

④ 천창
  • 평지붕의 상부에 설치한다.
  • 형태는 지정이 되거나 임의로 계획한다.
  • 채광, 환기, 직사광 방지 등을 고려할 수 있다.
  • 평지붕 상부에 휴게공간 등으로 사람이 이용 시에는 천창의 높이를 안전높
    이(1,200mm)만큼 확보한다.
  • 천창겸용 태양광전지패널(BIPV)을 고려할 수 있다.

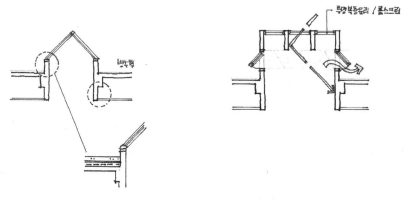

[그림 1-67 천창]

⑤ 돌출창

외벽에서 바깥쪽으로 돌출되어 후미진 공간이나 알코브를 형성하는 돌출된
구조를 갖고 있는 창 혹은 일련의 창들을 말한다.

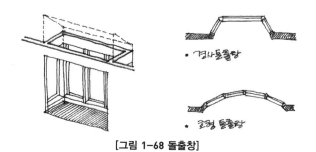

[그림 1-68 돌출창]

⑥ 박공창

박공면 혹은 그 밑면에 설치된 창을 말한다.

⑦ 내민창

받침대나 까치발에 의해 지지되는 돌출창을 말한다.

[그림 1-69 박공창과 내민창]

(3) 창호의 계획

① 출입문

출입문은 통행이 가능한 높이를 확보하며 일반적으로 2,100mm 정도 계획한다.

② 창문

창대높이 및 창문높이는 제시되거나 또는 임의로 계획한다. 특히 창문 및 창대 높이가 주어지는 경우 층고를 결정하는 요인이 되기도 한다.

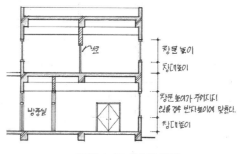

[그림 1-70 창호의 표현]

● **지붕과 창호**

고측창 및 천창은 지붕의 형태를 결정하는 요인이 될 수 있으므로 제시조건을 철저히 분석한다.

③ 기타 창호(고측창, 천창 등)

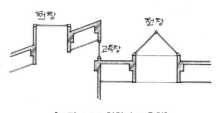

[그림 1-71 천창과 고측창]

- 천창 및 고측창은 다양한 형태로 요구되며, 방수턱을 고려하여야 한다.
- 방수턱과 고측창은 층고를 결정하는 요소가 될 수 있으므로 지붕에서의 위치와 높이를 잘 파악하도록 한다.

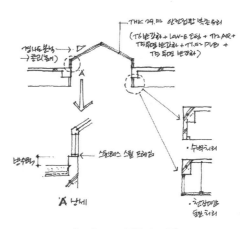

[그림 1-72 천창의 표현]

10. 기타

① 파라펫

벽 난간이라고도 하며 건물의 옥상 등 구조물의 선단을 보호하기 위한 낮은 난간벽이다. 옥상 등에 보행자의 동선이 연결될 경우는 파라펫의 유효높이는 1.2m 이상이 되도록 계획하여 보행자의 안전을 고려한다.

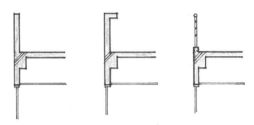

[그림 1-73 파라펫의 형태]

② 캐노피

발코니(노대)와 유사한 형태를 보이지만 발코니는 상부를 활용한다면 캐노피는 상부는 활용할 수 없으며 오히려 하부를 활용하는 공간이며 입면에서 디자인 요소가 활용될 수 있다.

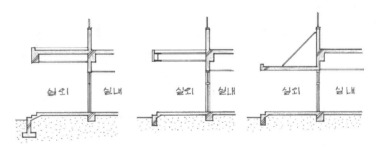

[그림 1-74 캐노피의 형태]

③ 승강기

* 일반용 승강기
  - 오버헤드(OVERHEAD) : 최상층 바닥에서 기계실 바닥슬래브 하부까지의 높이
* 유압식 승강기 : 상부에 기계실 없는 승강기
  - 승강로의 기계실을 없앰으로써, 건축공간과 비용절감
  - 짧은 시공기간, 낮은 에너지소비, 오랜 운행수명
  - 건물의 공간 가용면적 증대

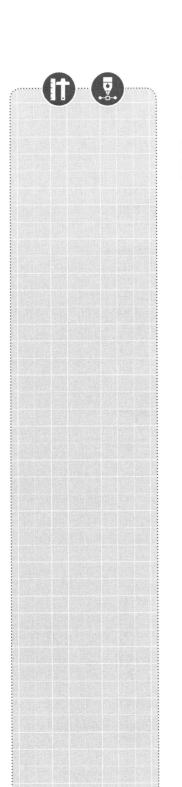

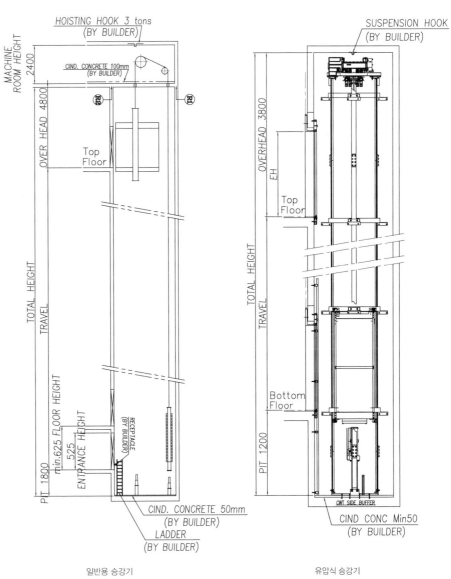

일반용 승강기   유압식 승강기

[그림 1-75 승강기]

④ 설비요소

단면설계에서 천장 내부공간을 설비계획을 위한 공간으로 활용하며, 전기설비, 기계설비(공조설비), 소방설비 등의 배관계획을 고려한다. 특히 층고에 영향을 미치게 되는 공조설비의 배관은 각 실별 덕트크기가 달라지므로 해당 층의 설비공간을 해결하기 위한 층고를 분석해내야 한다.

● **덕트와 층고**

평면상에 제시되는 덕트크기
가 변화되는 것은 각 실별 소
요높이가 달라져 층고의 차이
가 생기게 된다. 이때 가장 불
리한 실의 층고를 만족시킨다.

• 공기조화(공조설비)

실내환경을 개선하기 위하여 온도 및 습도의 조절과 공기의 정화 등을 목
적으로 필요한 공조설비가 설치되어야 하며, 급기와 환기 및 배기를 위한
덕트공간이 천장 내부공간에 확보되어야 한다.

최소 층고를 고려하기 위하여는 덕트의 굴절이 일반적이나 설비계획 측면
에서는 일정한 수식구간 내에 넉트를 설치하도록 한다.

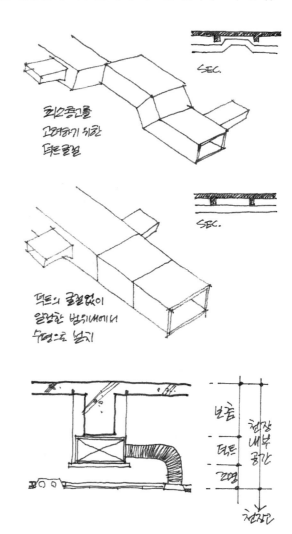

[그림 1-76 덕트와 층고]

●Duct 공간과의 차이

조명설비공간은 절대 높이를 적용하여 동일한 기준이 되는 반면, 공조설비공간은 Duct의 크기에 따라 적용 높이가 달라지게 된다.

• 조명설비

조명설비는 천장면의 조명기구계획에 필요한 일체의 배관과 철물을 포함한다. 조명기구를 부착하는 높이와 배선을 위한 공간은 천장면으로부터 20~30cm 정도 필요하게 되며 기계설비 및 조명설비, 소방설비와 함께 천장 내부공간의 높이를 결정하는 요인이 된다.

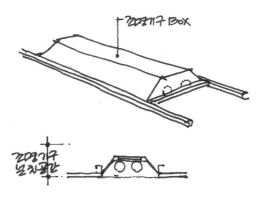

[그림 1-77 조명설비]

• 소방설비

소방설비는 천장면에 설치되는 스프링클러 노즐을 연결하는 설비배관을 포함한다. 일반적으로 덕트 설치공간의 하부에 조명설비 공간에 같이 설치될 수 있다.

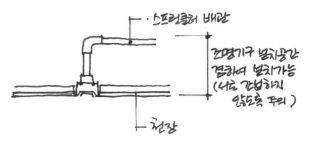

[그림 1-78 소방설비]

⑤ 친환경계획요소

• 태양광전지패널
  : 천창겸용(BIPV), 일반용(PV)

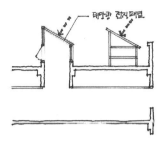

[그림 1-79 태양광전지패널]

• 루버
  : 향을 고려한 루버계획
    (남향 : 수평, 동서향 : 수직)
  ※ 천창 수직루버

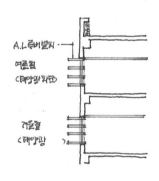

[그림 1-80 루버]

• 옥상정원
  – 잔디식재
  – 옥상정원 등의 방수 및 배수 표현

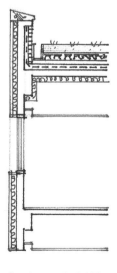

[그림 1-81 옥상정원]

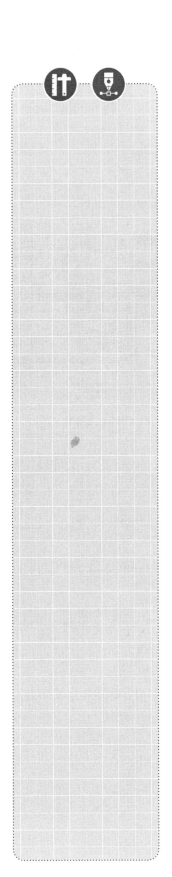

• 이중외피 구조 : 중공층을 이용한 환기에너지 절약시스템
• 아뜨리움 : 채광과 자연환기 고려
  – 이중외피   – 아뜨리움

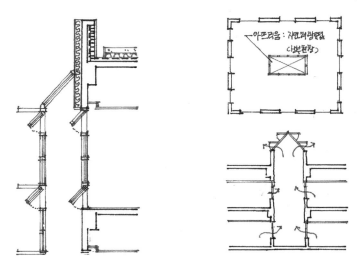

[그림 1-82 이중외피, 아뜨리움]

⑥ D.A : 지하층에 환기, 채광 등의 환경을 개선하기 위한 장치
  • open 형태 : 안전높이 1,200mm 확보
  • 지붕이 있는 구조
  • 스틸그레이팅 구조

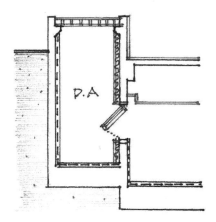

[그림 1-83 드라이에리어]

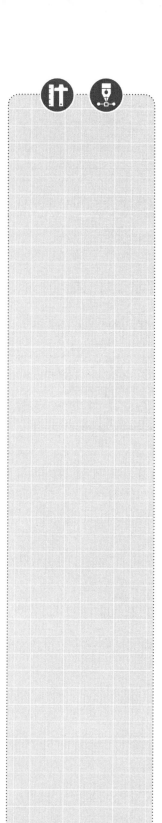

⑦ 지하수위
- 지하수위 깊이
- 건물에 닿는 부분 최소화
- 유공관 등 설치 후 배수(집수정에 연결)

⑧ 방수, 배수 : 물이 닿거나 사용하는 공간에 계획
- 외부공간 ┬ 지붕
　　　　　├ 옥외테라스
　　　　　├ 썬큰
　　　　　├ D · A
　　　　　└ 실외조경
- 내부공간 ┬ 화장실
　　　　　├ 실내조경, 연못
　　　　　└ 지하층
- 복합방수, 도막방수, 액체방수, 시트방수 등
- 차수판(지수판), 유공관, 배수관 설치

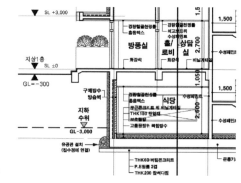

[그림 1-84 지하수위, 방습벽 등]

⑨ 방습
- 지하층 지면과 맞닿는 부분
- 공간벽 쌓기(방습벽)
- 시멘트 벽돌, 블록 등

⑩ B.F 설계(Barrier Free)
- 장애물 없는 생활환경을 조성하기 위한 설계기법이다.
- 장애인, 노인, 임산부 등 모든 시설 이용자가 각종 시설물을 보다 안전하고 편안하게 이용할 수 있도록 편의시설을 설치, 관리한다.
- 단차이 없이 수평접근이 가능하도록 우선계획하여야 한다.
- 단차가 발생될 수밖에 없는 경우에는 1/12 이하의 완만한 경사로 설치한다.
- 일반 출입문의 단차 허용 : 최대 2센티미터(방화문, 방음문, 단열문은 최대 1센티미터 이하)
- 계단 ┬ 단높이 180mm 이하, 단너비 280mm 이상
　　　├ 유효폭 1.2m 이상
　　　└ 미끄럽지 않은 재질로 마감

- 경사로 ┬ 유효폭 1.2m 이상
　　　├ 경사도 1/12이하, 높이 75cm 마다 1.5m의 수평참 설치
　　　└ 미끄럽지 않은 재질로 마감

⑪ 방화구획

구획종류	구획단위		구획 부분의 구조
면적별 구획	10층 이하	바닥면적 1,000m²(3,000m²) 이내마다 구획	• 내화구조의 바닥, 벽 • 갑종 방화문 • 자동방화셔터
	11층 이상	바닥면적 200m²(600m²) 또는 내장재가 불연재인 경우 500m²(1,500m²) 이내마 다 구획	• 내화구조의 바닥, 벽 • 갑종 방화문 • 자동방화셔터
층별구획	매층마다 구획(단, 지하1층에서 지상으로 직접 연결 하는 경사로 부위는 제외)		• 내화구조의 바닥, 벽 • 갑종 방화문 • 자동방화셔터

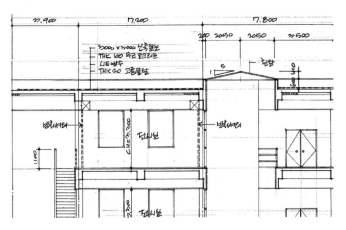

[그림 1-85 방화셔터]

⑫ 다락

- 층고가 1.5미터(경사진 형태의 지붕인 경우 1.8미터) 이하로 계획되어야
  한다.
- 바닥면적에 산입 제외된다.

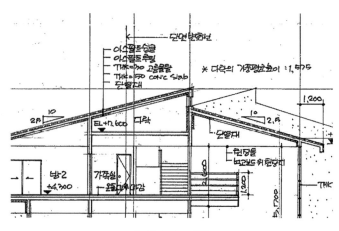

[그림 1-86 다락]

⑬ 단열

- 설치부위 : 외기 직접 VS 간접
- 등급 및 두께 : 가등급 VS 나등급
- 외단열 VS 내단열
- 냉교 · 열교 현상

⑭ 우수처리 : 홈통, 트렌치

⑮ 환기 : 1종, 2종, 3종, 4종

⑯ 기타

- 층간소음 : 층간 소음 방지제 설치(마감에 포함)
- 천막구조 : 간이지붕
- 목조트러스
- 결로 : 내 · 외부 온도차에 의해 발생(단열재 표현 시 주의깊게 계획한다.)
- 지정 : 잡석지정 + PE필름 2겹 + 무근콘크리트

11. 입면

(1) 외부입면

① 건물의 전체적인 형태를 파악한다.

② 천창, 조경, 출입구, 발코니 등은 입단면 표현은 반드시 확인한다.

(2) 내부입면

① 각 층별 창호, 개구부 등의 요소는 누락되지 않도록 주의한다.

② 계단, 난간, 벽체 개구부 등은 그 뒷부분 까지 반드시 확인해야 한다.

12. 상세도

(1) 지붕

① 파라펫

② 바닥 방수마감

③ 옥상정원 방수, 배수

※ 옥상정원

• CO_2의 농도를 줄이고 O_2의 농도를 높여 주므로 도시의 공기를 더욱 맑고 푸르게 해 준다.

• 강한 자외선과 열 산성비로부터 건축물을 보호한다.

• 옥상녹화로 인해 흡음벽과 같은 효과를 얻을 수 있다.

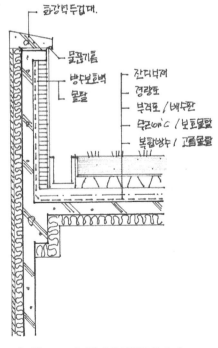

[그림 1-87 파라펫과 옥상정원 상세도]

(2) 벽

① 이중외피

② 외벽 마감 재료

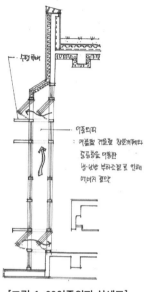

[그림 1-88 이중외피 상세도]

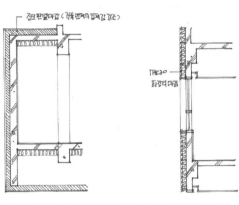

[그림 1-89 징크판넬 마감]　　　[그림 1-90 화강석 마감]

※ 이중외피

- 여름철과 겨울철 자유로운 창호개폐로 인해 자연환기가 가능하여 신선한 공기를 제공 받을 수 있다.
- 중공층을 이용한 냉난방 부하조절로 인하여 에너지를 절약할 수 있다.

(3) 드라이에리어(D.A)

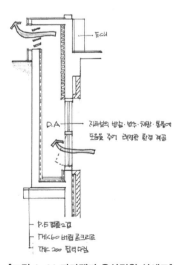

[그림 1-91 파라펫과 옥상정원 상세도]

● D.A

지하공간에 신선한 공기를 제공해주어 환기를 원활히 해준다.

04. 체크리스트

(1) 설계조건
① 주어진 일반조건과 특수조건을 충분히 고려하였는가?
② 제시된 프로그램의 최소 수직 치수를 반영하였는가?
③ 단면 절단선의 방향을 잘못 적용하는 실수는 하지 않았는가?
④ 입면이 보여질 경우 입단면으로 표현하였는가?
⑤ 방위, 축척의 오류로 계획이 잘못되지는 않았는가?

(2) 구조조건
① 동결선 깊이는 적절하게 유지되었는가?
② 기초의 종류에 적합한 기초 형상으로 표현하였는가?
③ 구조재(보, 장선, 데크플레이트 등)의 방향성에 오류는 없는가?
④ 지붕의 형태 및 슬래브의 바닥 OPEN부는 정확히 표현하였는가?
⑤ 보의 종류(Open Web Steel Joist조, 철근콘크리트조, 철골조, 철골 장선조, 래티스조등)와 입면 또는 단면의 표현은 적절한가?
⑥ 보의 크기를 부분별로 달리 요구한 경우도 검토하였는가?

(3) 설비조건
① 단면 또는 입면상에 나타나는 친환경 설비요소들을 모두 반영하였는가?
② 천창, 지붕창, 고측창 등의 입면 또는 단면 표현이 정확한가?
③ 층고 산정 문제인 경우 조명설비 공간, 소방 및 소화설비 공간 높이를 층고에 반영하였는가?
④ 팬코일 유닛방식을 별도로 요구 시 열손실이 많은 창문 쪽에 표시하였는가?
⑤ 채광 및 환기의 표현은 적절한가?

(4) 기타 사항
① 단면 절단선상의 모든 요소들이 누락되지 않고 정확히 표현되었는가?
② 계단의 단높이와 단너비는 정확한가?
③ 내화벽체 또는 내력벽체는 하부 바닥 슬래브 윗면에서 상부 바닥 슬래브의 아래면까지 연결되어 표현하였는가?
④ 내력벽체의 하부에 기초는 표현되었는가?
⑤ 고측창이 요구된 경우 고측창의 위치 및 방향성에 오류는 없는가?
⑥ 바닥, 지붕 등의 경사를 요구할 경우에 경사 방향 및 경사도는 적합한가?
⑦ 주어진 상세도를 정확히 표현하였는가?

05. 사례

1. 부분 단면 상세도

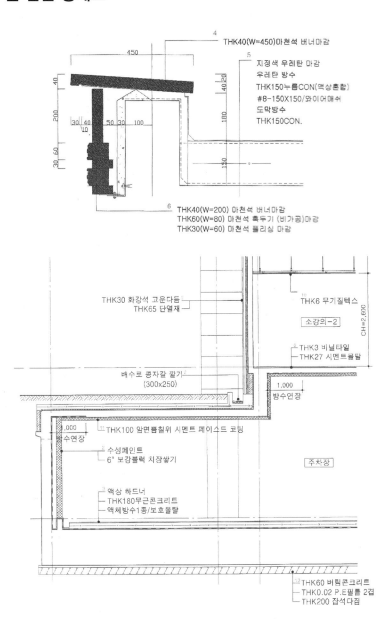

THK40(W=450)마천석 버너마감

지정색 우레탄 마감
우레탄 방수
THK150누름CON(액상혼합)
#8-150X150/와이어매쉬
도막방수
THK150CON.

THK40(W=200) 마천석 버너마감
THK60(W=80) 마천석 혹두기 (비가공)마감
THK30(W=60) 마천석 폴리싱 마감

THK30 화강석 고운다듬
THK65 단열재

THK6 무기질텍스

소강의-2

THK3 비닐타일
THK27 시멘트몰탈

배수로 콩자갈 깔기
(300x250)

1,000
방수연장

THK100 암면뿜칠위 시멘트 페이스트 코팅

1,000
수연장

수성페인트
6" 보강블럭 치장쌓기

주차장

액상 하드너
THK180무근콘크리트
액체방수1종/보호몰탈

THK60 버림콘크리트
THK0.02 P.E필름 2겹
THK200 잡석다짐

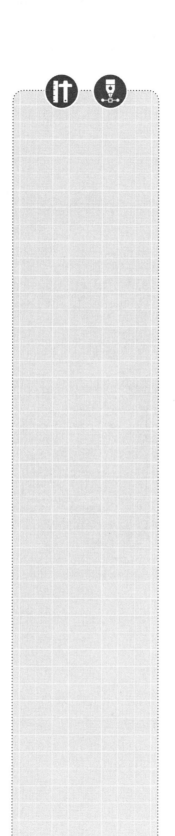

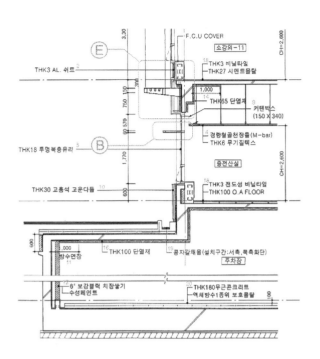

F.C.U COVER

소강외-11

THK3 AL. 쉬트

THK3 비닐타일
THK27 시엔트몰탈

3.30

CH=2,600

E

THK65 단열재

커텐박스
(150 X 340)

경량철골천장틀 (M-bar)
THK6 무기질텍스

THK18 투명복층유리

B

충전산실

CH=2,600

THK30 고흥석 고운다듬

THK3 젬도성 비닐타일
THK100 O.A FLOOR

THK100 단열재

콩자갈채움(설치구간:서측,북측화단)

주차장

6' 보강블럭 치장쌓기
수성페인트

방수연장

THK180무근크리트
액체방수1종위 보호몰탈

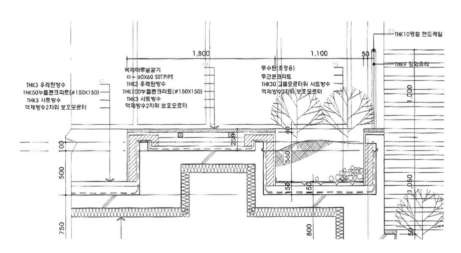

THK10평철 핸드레일

1,800

1,100

50

THK9 강화유리

목재마루널깔기
□ - 60X60 SST PIPE
THK3 우레탄방수
THK100누름콘크리트(#150X150)
THK3 시트방수
액체방수2차위 보호모르터

투수판(조경용)
무근콘크리트
THK30 고름모르터위 시트방수
액체방수2차위 보호모르터

THK3 우레탄방수
THK50누름콘크리트(#150X150)
THK3 시트방수
액체방수2차위 보호모르터

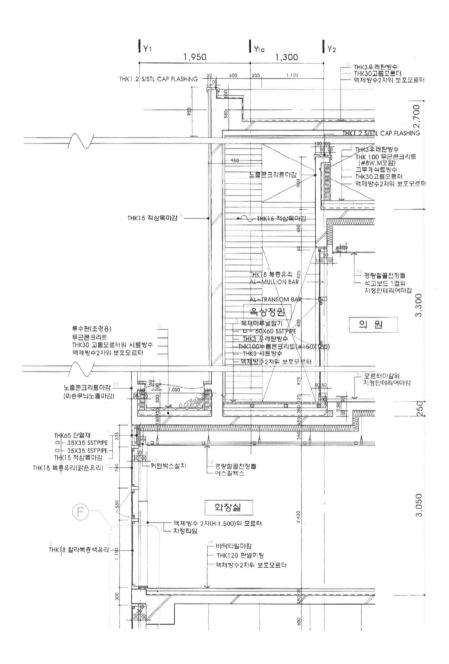

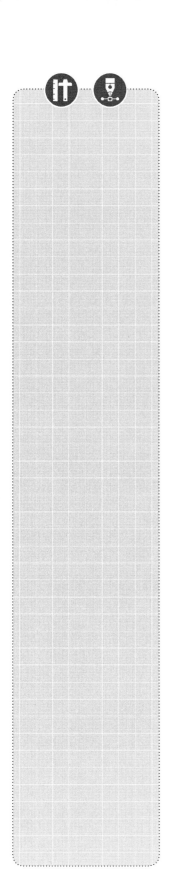

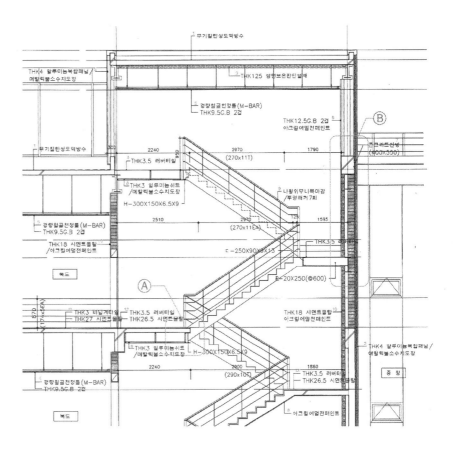

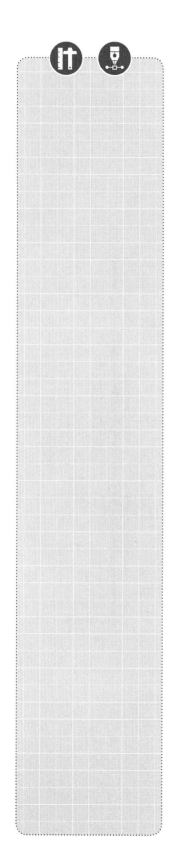

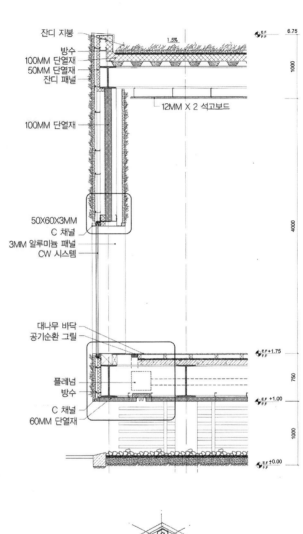

잔디 지붕
방수
100MM 단열재
50MM 단열재
잔디 패널

12MM X 2 석고보드

100MM 단열재

50X60X3MM
C 채널
3MM 알루미늄 패널
CW 시스템

대나무 바닥
공기순환 그릴

플레넘
방수
C 채널
60MM 단열재

1.5%

6.75

1000

4000

750

1000

E.F +1.75
F.F

E.F +1.00
F.F

E.F ±0.00
F.F

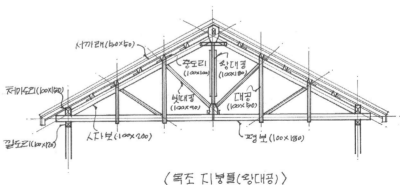

서까래(50x50)
중도리(100x90)
왕대공(100x180)
쳐마도리(100x150)
빗대공(100x90)
대공(100x50)
깔도리(100x90)
샛보(100x200)
평보(100x180)

〈 목조 지붕틀(왕대공) 〉

2. 단면설계 사례

① 평지붕의 단면 및 입면형태의 표현

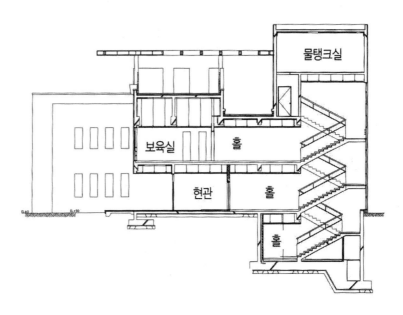

② 경사지붕의 단면 및 입면형태의 표현

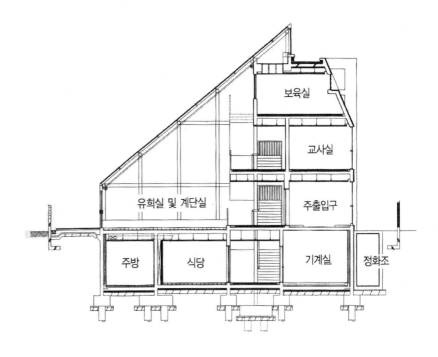

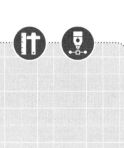

3. 사진으로 보여지는 단면형태

① 목조 트러스의 단면형태

② 공용부분의 단면형태와 입면으로 보여지는 계단형태

③ 익힘문제 및 해설

01. 익힘문제

| 익힘문제 1. | 최대 증축 가능 레벨 찾기 |

다음 단면도에서 증축 가능한 레벨을 찾아 표현하시오.

(천장고 2m, 슬래브 구성 두께 1m)

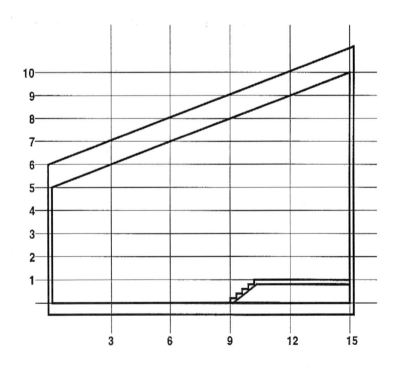

익힘문제 2. 덕트에 의한 층고 산정하기

제시된 조건과 평면도를 참조하여 아래의 표를 완성하고 각 층의 층고를 분석하시오.

- 보춤 : 600mm, 조명설비공간 300mm
- 반자높이　－ 자유열람실, 세미나실 : 3,300mm
　　　　　　－ 전시실, 전자정보 교육실 : 2,700mm
　　　　　　－ 로비, 홀 : 2,900mm
　　　　　　－ 사무실, 휴게실, 창고, 복도 : 2,400mm

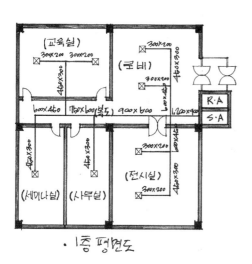

· 1층 평면도

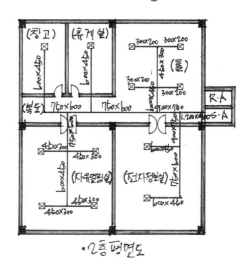

· 2층 평면도

〈1층〉

	로비	전시실	교육실	사무실	세미나실	복도
복층			600	600		
덕트높이						
조명설비		300			300	
반지높이		2,700				2,400
각실층고						
1층층고						

〈2층〉

	홀	정보실	열람실	휴게실	창고	복도
복층	600		600			
덕트높이						
조명설비			300			
반지높이		2,700			2,400	
각실층고						
1층층고						

02. 답안 및 해설

답안 및 해설 1. 최대 증축 가능 레벨 찾기 답안

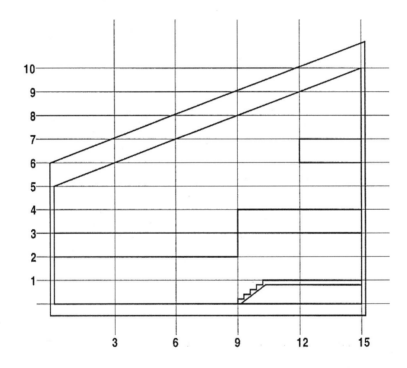

답안 및 해설 2. 덕트에 의한 층고 산정하기 답안

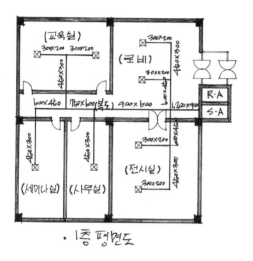

· 1층 평면도

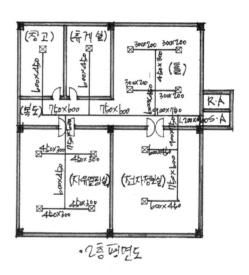

· 2층 평면도

〈1층〉

	로비	전시실	교육실	사무실	세미나실	복도
복층	600	600	600	600	600	600
덕트높이	950	450	300	300	300	600
조명설비	300	300	300	300	300	300
반지높이	2,900	2,700	2,700	2,400	3,300	2,400
각실층고	4,700	4,050	3,900	3,600	4,500	3,900
1층층고	4,700					

〈2층〉

	홀	정보실	열람실	휴게실	창고	복도
복층	600	600	600	600	600	600
덕트높이	900	750	600	450	450	600
조명설비	300	300	300	300	300	300
반지높이	2,900	2,700	3,300	2,400	2,400	2,400
각실층고	4,700	4,350	4,800	3,750	3,750	3,750
1층층고	4,800					

④ 문제 및 해설

01. 연습문제

연습문제 | **제목 : 노인복지센터 단면설계**

1. 과제개요

제시된 도면은 중소도시의 노인복지센터 평면도의
일부이다. 각 층 평면도에 표시된 단면지시선 A를
기준으로 주단면도를 완성하시오.

2. 설계조건

(1) 규　　모 : 지상 4층
(2) 구　　조 : 철근콘크리트조
(3) 층고, 바닥마감레벨 : 평면도 참조
(4) 기타 설계조건은 〈보기 1〉과 같다.

〈보기 1〉

구분		설계조건
구조부	온통(매트)기초 두께	600mm (X2~X4열)
	독립기초 크기	1,500X1,500 ×500mm(X1열)
	벽두께 1층~4층	200mm
	벽두께 지반 접한 외벽	300mm
	슬래브 두께	150mm
	기둥	500mm×500mm
	보(W×D)	400mm×600mm
	동결선	GL −1,000mm
단열재 두께	최상층 지붕부위	200mm
	최하층 바닥부위	200mm
	외벽부위	150mm

외부 마감재		칼라알루미늄시트 (두께 4mm)
냉·난방 설비	모든실	천장매립형 EHP
	노인실(남·여)	온수온돌 바닥난방 (두께 150mm)
친환경 설비	X4열 남측 (평면도 참조)	이중외피구조
지붕	X1~X2, X3~X4	박공지붕 (동일 형태임)
	목재 데크마감(테라스, 옥상 정원, 스탠드)	두께 100mm

(5) 실내 칸막이벽은 조적벽으로 하며, 실내 마
감재는 임의로 한다.

3. 도면작성 시 고려사항

(1) 설계조건과 평면도를 고려하여 단열, 방수,
결로, 기밀, 채광, 환기의 기술적 사항을
반영한다.
(2) 각 층의 층고, 바닥마감레벨, 반자높이, 개구부
높이 및 단면 형태를 고려하여 설계한다.
(3) 자연환기 및 자연채광을 위한 천창(수평)을
설치한다.
(4) 중정, 휴게라운지의 마감재 차이로 발생하는 단
차는 고려하지 않는다. 이때, 구조체 DOWN도
고려하지 않는다.
(5) 창호의 종류, 크기, 개폐방법, 재질 등은
임의로 한다.

(6) 실내 중정은 잔디식재를 고려하여 설계한다.

(7) 방화, 피난, 대피는 고려하지 않는다.

4. 도면작성요령

(1) 주요 골조를 표현한다.

(2) 계단을 표현하고 세부치수를 표기한다.

(3) 각 실의 천장은 수평으로 하며, 반자높이는 임의로 표현한다.

(4) 레벨, 층고, 개구부 높이 및 단면 형태를 결정하는 주요 치수를 표기한다.

(5) 각 실명을 표기한다.

(6) 실내·외 마감을 표기한다.

(7) 단면도 작성 시 보이는 입면요소를 표현한다.

(8) 건축물 내·외부의 환기경로를 〈보기 2〉에 따라 표현하고 필요한 위치에 창호 개폐방향을 표현한다.

(9) 구체적으로 제시되지 않은 레벨, 치수 및 재료 등은 임의로 표기한다.

(10) 단위 : mm

(11) 축척 : 1/200

〈보기 2〉

| 환기 경로 | ⟹ |

5. 유의사항

(1) 답안 작성은 흑색연필로 한다.

(2) 도면 작성은 과제개요, 설계조건 및 고려사항, 도면작성 요령, 기타 현황도 등에 주어진 치수를 기준으로 한다.

(3) 명시되지 않은 사항은 현행 관계법령의 범위 안에서 임의로 한다.

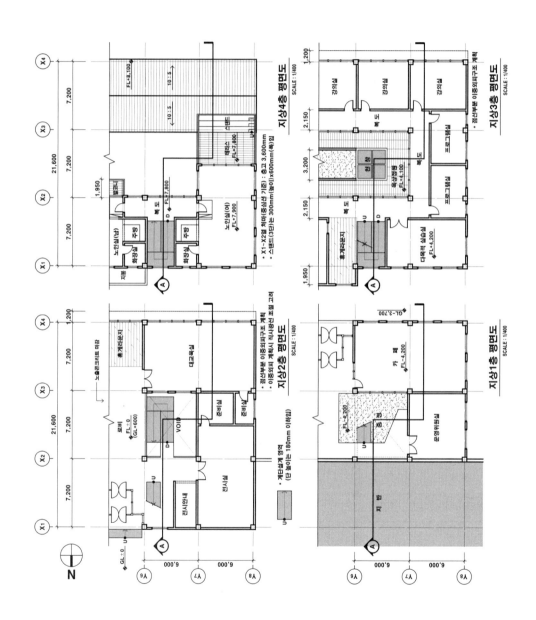

지상4층 평면도   SCALE : 1/400

FL-8.100

10 : 5

10 : 5

테라스
FL-7.800

스탠드
FL-7.900

노인실(여)
FL-7.900

복도   D   FL-7.800

주방

화장실(여)

화장실

주방

지붕

• X1~X2열 처마(중심선 기준) : 층고 3,600mm
• 스탠드(3단)는 300mm(높이)x600mm(폭)임

지상3층 평면도   SCALE : 1/400

• 점선부분 이중외피구조 계획

사무실2

사무실2

사무실2

복도

프로그실2

프로그실2

정원

옥상정원
FL-4.100

복도

휴게라운지

계단하부

다목적실습실
FL-4.200

복도   U   D

지상2층 평면도   SCALE : 1/400

1.200

휴게라운지

노출콘크리트 마감

대강의실

로비
FL - 0
(GL +600)

VOID

준비실

준비실

준비실

전시안내

U

D

전시실

전시실

• 점선부분 이중외피구조 계획
• 이중외피 계획시 차세원안 조절 고려

• 계단하계 영역
(단 높이는 180mm 이하임)

U

N

GL = 0

U

지상1층 평면도   SCALE : 1/400

GL-3.700

카 페
FL-4.200

FL-4.200

운영위원실

지하

U

D

21,600   7,200   7,200   7,200

1,200   7,200   7,200   7,200

1.950

1.200   3.200   2.150   1.950   2.150

X4   X3   X2   X1

6,000   6,000

Y6   Y7   Y8

X₁

GL±0

A 단면도
SCALE : 1/200

02. 답안 및 해설

답안 및 해설 제목: 노인복지센터 단면설계

(1) 현황도
(2) 설계조건분석

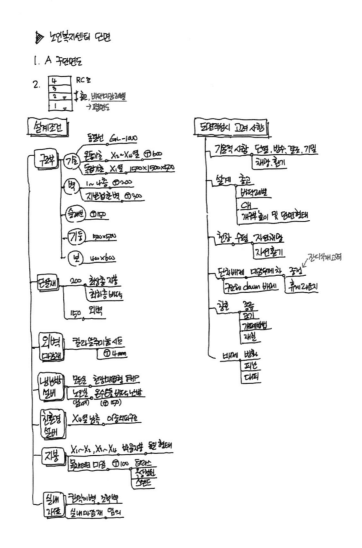

(3) 평면현황분석

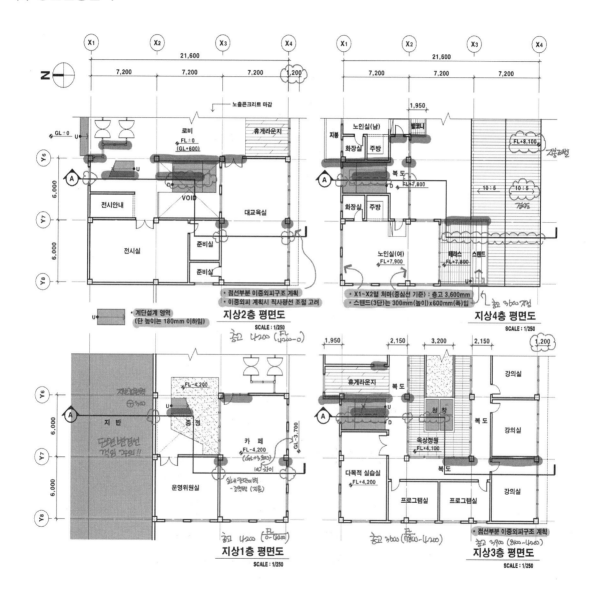

지상2층 평면도
SCALE : 1/250

* 점선부분 이중외피구조 계획
* 이중외피 계획시 직사광선 조절 고려

지상4층 평면도
SCALE : 1/250

* X1~X2열 처마(중심선 기준) : 층고 3,600mm
* 스탠드(3단)는 300mm(높이)x600mm(폭)임

지상1층 평면도
SCALE : 1/250

지상3층 평면도
SCALE : 1/250

* 점선부분 이중외피구조 계획

(4) 개략단면분석

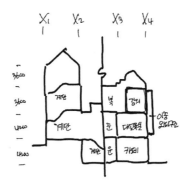

(5) 단면계획

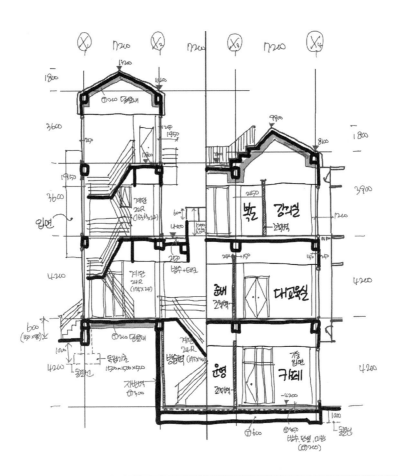

(6) 답안분석

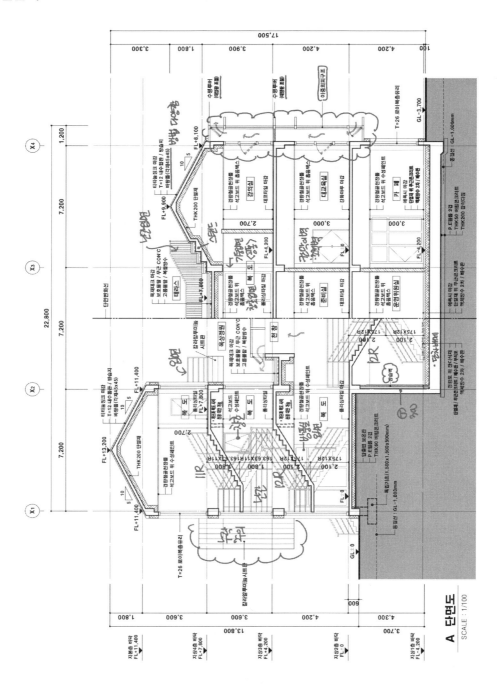

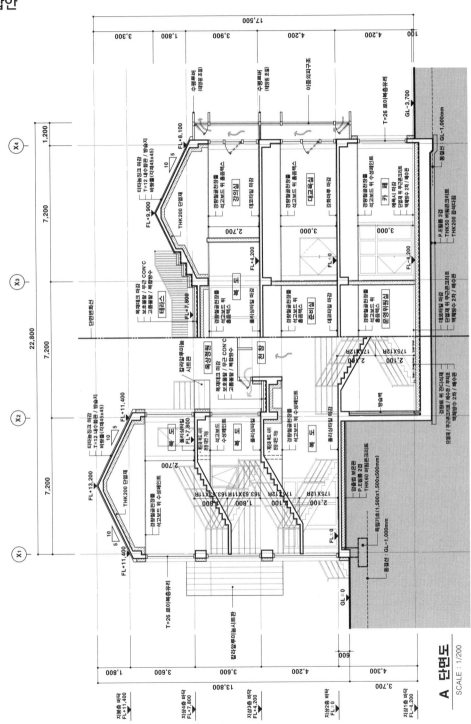

NOTE

제2장

계단설계

1. 개요
01 출제기준
02 유형분석

2. 이론
01 계단설계의 이해
02 평면현황분석
03 계단계획
04 홀형식
05 코어(CORE)형식
06 체크리스트
07 사례

3. 익힘문제 및 해설
01 익힘문제
02 답안 및 해설

4. 연습문제 및 해설
01 연습문제
02 답안 및 해설

① 개요

01. 출제기준

⊙ 과제개요

'계단설계'과제는 제시조건에 의거 각층의 레벨을 조절하고 서로 다른 기능의 공간을 수직적으로 연결하는 계단 및 경사로 등의 도면과 계단 주변의 서비스 코어 공간에 대한 도면을 작성하는 과제로서, 이를 통해 계단 및 경사로 등의 수직방향 이동 공간의 요구 조건을 입체적으로 해결하는 능력을 측정하고, 수직방향 이동 공간과 서비스 코어 공간의 설계 능력을 측정한다.

⊙ 주요 제시조건

① 각 층 및 각 부위별 공간의 높이 또는 바닥 레벨
② 수직방향 동선 관련 공간의 요구사항(계단, 경사로, 엘리베이터 등)
③ 피난 등 수직방향 동선 관련 법규상 요구 조건
④ 장애자용 안전지대 등 장애자 관련 요구 조건
⑤ 수직방향 이동 시 외부 전망 조건 등
⑥ 수직방향 동선 관련 공간 및 서비스 코어 공간의 구조, 설비 및 마감
⑦ 기타 요구사항(화장실, 탕비실, 창고, 각종 설비용 샤프트 등)

이 기준은 건축사자격시험의 문제출제 및 선정위원에게는 출제의 중심 내용과 방향을 반영하도록 권고·유도하고, 응시자에게는 출제유형을 사전에 파악하게 하기 위한 것입니다. 그러나 문제출제 및 선정위원에게 이 기준의 취지를 문자 그대로 반영하도록 강제할 수 없으므로, 응시자는 이 점을 참고하여 시험에 대비하시기 바랍니다.
– 건설교통부 건축기획팀(2006. 2)

02. 유형분석

1. 문제 출제유형(1)

✚ 바닥레벨, 진출입동선, 건축마감 등을 고려한 계단 설계

오르내릴 때 외부 공간을 바라볼 수 있도록 커튼월에서 떨어져서 계단을 배치하고, 서로 다른 레벨에 맞게 하며, 장애자용 안전지대, 주어진 바닥높이, 출입구, 동선, 피난 안전지대 등을 고려하여 공간을 원활하게 연결하는 능력을 측정한다.

예. 기존의 두 건물 사이를 이어서 증축할 때 생긴 홀에서 두 동의 서로 다른 바닥높이를 조절하고, 진출입구 및 동선, 건축마감을 고려하여 계단을 계획한다.

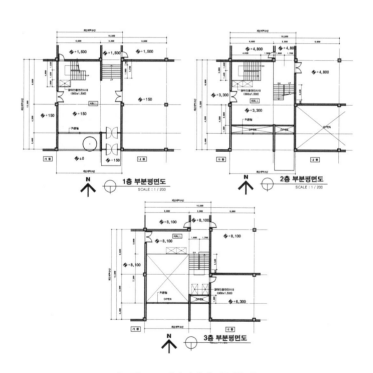

[그림 2-1 계단설계 출제유형 1]

2. 문제 출제유형(2)

✚ 고층사무소 건축의 기준층 코어 공간계획 및 계단설계

엘리베이터와 피난계단의 배치, 화장실의 배치, 기계, 전기, 통신, 소방설비용 샤프트, 배연용 수직풍도 등을 홀과 복도와 함께 고려한 코어계획 능력을 측정한다.

예. 사무소 건물의 기준층 평면에 대하여 계단의 개수, 특별피난계단, 엘리베이터, A.D와 P.S의 위치, 탕비실, 창고 등 부속실, 장애자용 안전지대, 기둥 간격 등을 고려하여 코어를 계획한다.

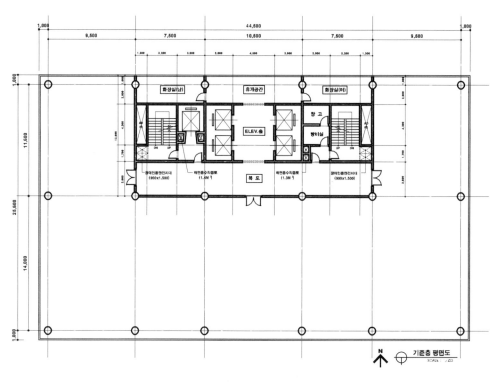

[그림 2-2 계단설계 출제유형 2]

3. 문제 출제유형(3)

✚ 협소한 공간에서의 장애인을 고려한 피난계단 및 경사로 설계

계단과 출입문의 관계, 핸드레일 설치, 기타 피난 및 장애인을 고려한 계단과 경사로의 구조 및 시설을 설계하는 능력을 측정한다.

예. 대지면적 및 건축면적이 협소한 경우, 건축물 바닥레벨(1층 바닥레벨)을 고려하여 장애인을 위한 출입구 현관 부위의 동선을 계획하고 계단 및 경사로를 설계한다.

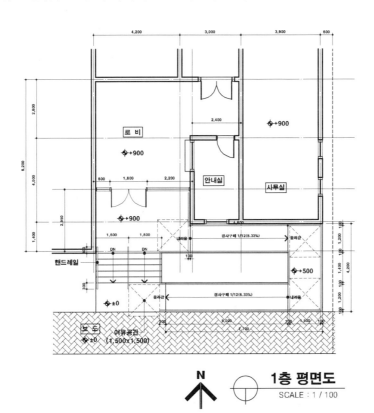

[그림 2-3 계단설계 출제유형 3]

01. 계단설계의 이해

1. 계단설계의 의의

계단설계는 공간을 수직으로 상호 연결하는 동선에 대한 기술적 수단에서 출발한다. 특히 화재와 같이 극한적 상황에서 상부층의 이용자들을 피난층으로 안전하게 이동시킬 수 있는 유일한 통로이므로 원활하고 안전한 피난계획과 더불어 계획되어야 한다. 또한, 코어 내에 설치되는 화장실, 엘리베이터실, 공조실, PD, AD, ST 등의 설비 관련 시설의 합리적이고 경제적인 계획도 고려되어야 할 사항이다. 이러한 시설들은 일반 사용자는 물론 장애인들도 사용하는 데 불편함을 느끼지 않도록 건축적 장애를 제거할 필요가 있다. 장애인에 대한 배려로서 건축물에 휠체어 사용자용 화장실이나 장애인용 엘리베이터 등을 설치하고 그곳에 이르기까지의 동선 등 이동범위 전체에 대한 일관성 있는 고려가 필요하다.

2. 계단설계의 과정

계단설계의 초기 계획과정은 계단의 제반 세부기준과 실의 특성, 이용자 수, 이용자의 특성 등에 의하여 계단실 평면의 조정이 이루어지며 동시에 단면상의 층고 및 설비 요구 조건 등이 계단의 단면설계에 영향을 미친다. 특히 층고가 높은 경우에는 일반적으로 적용하는 계단실의 규격보다 키우거나, 이를 극복하기 위한 계단의 디딤판 수를 조절하여 계획하여야 한다. 또한 재해시 상부실의 이용자들이 유일하게 이용 가능한 피난의 통로가 될 수 있음에 유의하여 적절한 피난계획을 수립하여야 한다. 화재 등의 위급시 재실자의 피난계획은 유도계획과 시설계획으로 구분할 수 있다.

유도계획이란 화재시 재실자들이 신속하게 이를 감지하게 하여 피난 경로를 쉽게 찾을 수 있도록 유도하는 계획을 말한다. 즉, 시설계획이란 피난에 필요한 시설들의 적절한 배치와 활용성에 대한 검토라 할 수 있다. 시설계획에서 가장 중요한 것은 피난동선이 고려된 적절한 배치를 통하여 최적의 안전성을 확보하는 것이다.

● **계단설계**

계단설계는 인간과 물품을 안전하고 신속하게 수직으로 이동시키는 통로를 계획하는 건축물의 기술적 분야이다. 계단설계는 수험자가 계단설계의 3차원적인 성격을 이해하고 주어진 평면의 설계조건과 법적 제한 및 기본적인 기능을 이해하고 있는지를 검증하기 위한 분야이다.

● **출제대상**

계단설계의 주 출제대상은 계단, 경사로, 코어계획이며 건설교통부의 출제기준에 의하면 리노베이션 문제가 언급될 수 있음에 유의한다.

● **피난 유도계획시 필요 시설**

감지기, 유도등, 경보기 등

● **피난시설 계획시 필요 시설**

계단, 복도 등

02. 평면현황분석

1. 유형분석

(1) 홀형식

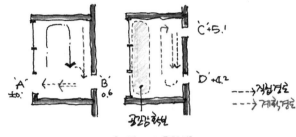

[그림 2-4 홀형식]

- 2개층 또는 3개층의 평면도가 제시된다.
- 계단, 경사로, 난간, 피난영역, 회전영역, 헤드룸 등을 계획한다.
- 각 출입문의 레벨이 제시된다.
- 계단계획시 장애물 등의 조건이 제시된다.

(2) 코아계획 형식

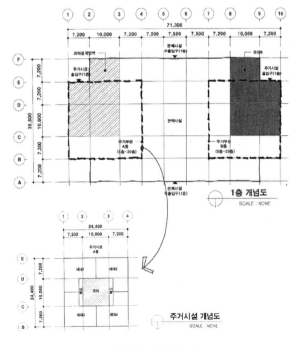

[그림 2-5 코아형식]

• 기준층 평면도 및 주출입구의 위치가 제시된다.
• 코아설계영역이 주어진다.
• 계단, 승강기, 화장실과 각종 샤프트 등의 설비적 요소를 계획한다.

(3) 단면 + 계단

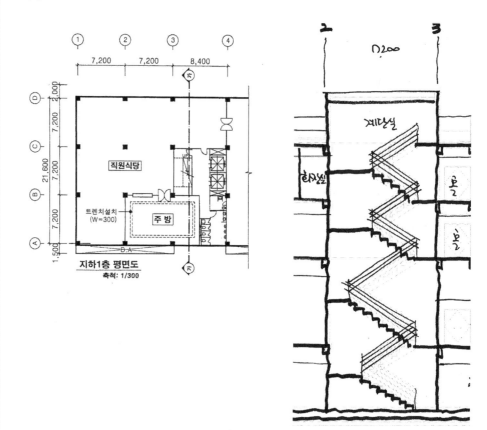

[그림 2-6 단면 + 계단형식]

• 단면설계의 계단부분을 계획한다.
• 층고에 따른 단높이 및 계단길이에 따른 단너비를 계획한다.

03. 계단계획

1. 계단의 이해

[1] 정의

높이가 다른 두 바닥면을 연결하기 위해 층층이 이루어진 구조부재로 통로 역할을 하며, 층계라고도 한다. 계단은 사용되는 공간과 목적에 따라 여러 가지 형태와 재료로 표현될 수 있다.

[2] 종류

- 형태 : 직선계단, 굴절계단, 원형계단 등이 있다.
- 재료 : 목재계단, 철근콘크리트계단, 철골계단 등이 있다.

① 직선계단(곧은 계단) : 피난의 방향이 용이하게 파악되며 피난속도가 빠르지만 건축 공간의 구성상 3개층 이상으로 배치되기는 힘들다. 또한 아래층 바닥이 바로 내려다 보여 불안감을 줄 수 있다.(→ 층고 차이가 3m 초과시 3m 이내마다 참계획)

② 굴절계단(꺾은 계단) : 가장 보편적인 계단으로 장애인의 피난에 가장 적합한 계단형태이다. 참이 있어 원형계단보다 점유 면적이 크지만, 직선계단보다는 경제적이다.

③ 원형계단(돌음계단) : 점유면적을 고려하면 가장 경제적인 계단구조이다. 의장적으로 훌륭한 효과를 낼 수 있지만 디딤판의 폭이 일정치 않으므로 잘못 디딜 경우 몸의 균형을 잃을 수 있으며, 방향이 지속적으로 바뀌어 시각장애인의 방향감각을 혼란하게 하므로 피난용도에는 적합하지 않다.

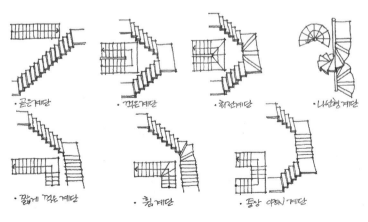

[그림 2-7 계단의 종류]

● 계단설계의 주안점

계단설계는 1차적으로 사용자의 편의성, 안전성, 피난시 최단의 보행경로 유지 및 장애인의 이용성 등을 고려해야 하며 의장적인 면은 2차적인 고려대상이다.

● 챌면과 디딤판

① 계단이나 경사로의 구배는 안전성이나 쾌적성에 관련된다. 디딤판넓이, 챌면높이, 계단폭, 계단참이 치수 등은 법규로 정해져있으나 일반적으로 적용가능한 R+T식 중 T + 2R = 63cm도 적용 가능한 식중 하나이다.

② 항상 챌면보다 디딤판이 하나 적기 때문에 일단 챌면의 수와 높이를 알고 챌면대 디딤판의 비율이 정해지면 전체 디딤면은 쉽게 결정된다.

[3] 계단의 구성요소

계단을 구성하는 요소는 디딤판, 챌판, 따낸옆판, 계단참, 논슬립, 난간, 걸레받이 등이 있다.

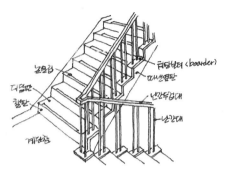

[그림 2-8 계단의 구성]

(1) 디딤판 · 챌판

① 디딤판 : 계단에서 발이 닿는 수평의 판재로, 디딤면이라고도 한다.

② 챌판 : 계단에서 디딤판과 디딤판을 연결하는 수직의 판재로 챌면이라고도 한다.

③ 논슬립 : 주로 디딤판의 끝부분에 설치되어 미끄러짐을 방지한다.

(2) 계단참

① 연속된 계단의 열결부위에 단이 없어 평평하고, 비교적 넓은 부분을 말한다.

② 방향을 바꾸거나 휴식 등의 목적으로 설치된 공간으로 층계참이라고도 한다.

(3) 난간

① 층계나 다리 등 추락의 위험이 있는 곳에 세워 낙상을 막는 구실을 한다.

② 재질에 따라 금속재, 목재, 석재 등이 있다.

(4) 계단의 형태 사례

[그림 2-9 계단의 형태 사례]

[4] 계단의 표준치수

① 단너비(Tread) : 25cm≦T≦30cm

　　R+T=45cm

② 단높이(Riser) : 15cm≦R≦20cm

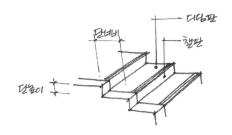

[그림 2-10 계단의 치수]

③ 계단의 폭 및 계단참의 폭은 120cm 이상으로 계획한다.

④ 계단의 경사도는 20~45°의 범위에서 계획되나, 일반적인 구배는 30~35°에 분포한다.

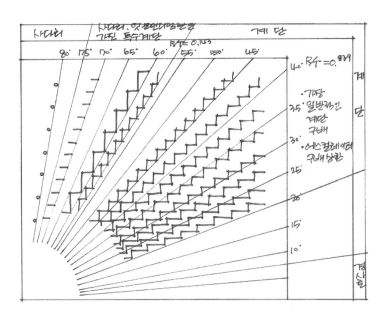

[그림 2-11 수직이동 동선의 경사도]

●수직이동 동선의 경사도

① 계단 대체 경사로 1/8 이하
② 지하 주차장 직선형 진입 경사도 17% 이하
③ 지하 주차장 곡선형 진입 경사도 14% 이하
④ 장애인용 내부 경사로 1/12 이하
⑤ 장애인용 외부 경사로 1/18 이하

● 계단 설치기준의 법적 근거

건축물의 피난, 방화구조 등의
기준에 관한 규칙 제15조

2. 계단설계의 법적 설치기준

(1) 계단 및 복도의 설치기준

연면적 200m²를 초과하는 건축물에 설치하는 계단은 아래의 기준을 준수한다.

① 계단의 설치기준

[표 2-1] 계단의 설치기준

구분	설치기준
계단참의 설치기준	높이 3m 이내마다 너비 1.2m 이상의 계단참을 설치할 것
난간의 설치기준	높이 1m를 넘는 계단 및 계단참에는 양옆에 난간을 설치할 것
중간 난간의 설치기준	계단의 중간에 너비 3m 이내마다 난간을 설치할 것

② 계단 및 계단참의 폭, 단높이, 단너비 기준

[표 2-2] 계단 및 계단참의 폭, 단높이, 단너비 기준

해당 용도 및 규모건축물	계단 및 계단참의 폭	단높이	단너비	조건
초등학교	150cm 이상	16cm 이하	26cm 이상	돌음계단의 경우 : 단너비는 좁은너비의 끝부분으로부터 30cm 위치에서 측정한다.
중·고등학교	150cm 이상	18cm 이하	26cm 이상	
• 문화 및 집회시설(공연장, 집회장 및 관람장에 한함) • 판매 및 영업시설(도매시장, 소매시장 및 상점에 한함) • 기타 이와 유사한 것	120cm 이상	–	–	
• 바로 위층 거실바닥면적의 합계가 200m² 이상이거나 • 거실바닥면적의 합계가 100m² 이상인 지하층의 계단	120cm 이상	–	–	
기타의 계단	60cm 이상	–	–	

③ 계단의 난간 및 바닥 설치기준

[표 2-3] 계단의 난간 및 바닥 설치기준

구분	조건 및 내용
설치대상	• 공동주택(기숙사 제외) • 제1종 근린생활시설 • 제2종 근린생활시설 • 문화 및 집회시설 • 판매 및 영업시설 • 의료시설(장례식장 제외) • 업무시설 • 숙박시설 • 위락시설 • 관광휴게시설 • 교육연구 및 복지시설(아동 관련시설 및 노인복지시설과 다른 용도로 분류되지 않은 사회복지시설 및 근로복지시설에 한함)
구조대상 및 해당 부위	• 주계단 • 피난계단 • 특별 피난계단에 설치하는 난간 및 바닥

구조 및 설치기준	• 아동의 이용에 안전할 것
	• 노약자 및 신체 장애인의 이용에 편리한 구조로 아래의 기준에 의할 것
	  – 최대지름이 3.2cm 이상 3.8cm 이하인 원형 또는 타원형으로 할 것
	  – 손잡이는 벽 등으로부터 5cm 이상 떨어지도록 하고, 계단으로부터
	    의 높이는 85cm가 되도록 할 것
	  – 계단이 끝나는 수평부분에서의 손잡이는 바깥쪽으로 30cm 이상 나
	    오도록 할 것

④ 계단 대체 경사로 기준

아래 조건을 충족시 계단을 대체하는 경사로로 인정받을 수 있다.

[표 2-4] 계단 대체 경사로의 설치기준

구분	내용
설치기준	경사도는 1/8 이하로 표면을 거친 면으로 하거나 미끄러지지 않는 재료로 마감할 것

● 계단의 대체 경사로

경사도 1/8 이하의 경사로는 법적으로 요구되는 계단을 대체할 수 있다.

04. 홀형식

1. 계단의 동선계획(경로계획)

(1) 경로
① 최고 레벨익 출입구부터 피난층까지 모든 출입구를 순차적으로 연결하는 피난동선을 계획한다.
② 각 출입구가 직접 경로로 연결되는지 아니면 굴절(참)이 필요한지를 파악한다.
③ 굴절이 생길 경우 가능하면 굴절(참)이 적도록 계획한다.
④ 전체적으로 피난동선이 짧아지도록 계획한다.

(2) 설치영역
① 계단설치를 제한하는 요소들을 파악한 후 그 요소들을 피하여 계단을 계획한다.
② 수목, 수공간, 천창, 커튼월, 법규적 사항 등 계단설치 영역에 제한이 따를 수 있다.

2. 계단의 구조

(1) 계단의 폭과 단높이 및 단너비
① 피난층을 포함한 모든 출입구 사이에 계단이 몇 단 필요한지를 파악한다.
② (계단수−1)이 디딤판의 수이므로 필요한 계단의 수평길이를 파악한 후 앞서 분석한 경로에 적용한다.
③ 계단의 폭이 피난방향으로 줄어들 경우 피난이 힘들어지므로 계단의 폭은 절대로 피난방향으로 줄어들지 않도록 계획한다.

(2) 천장고(Head Room)
① 계단설계에서 헤드룸의 확보는 매우 중요하며 헤드룸의 확보에 의해 동선이 결정되는 경우가 많다.
② 계단의 상부가 수평구간인 경우와 계단인 경우의 정확한 헤드룸 분석이 필요하다.

(3) 장애인 안전지대
① 계단을 이용할 수 없는 장애인의 피난영역으로 장애인들은 그곳에 대기하여 구급요원들의 도움을 기다린다.
② 피난층까지 경사로로 연결되지 않은 출입구 근처에 계획하며 크기는 보통 0.75~0.9×1.2m 정도로 계획한다.

●Head Room

계단 이용자가 머리를 부딪히지 않고 자유로이 활동할 수 있는 여유공간으로 일반적으로 2.1m 정도의 높이가 필요하다.

③ 피난동선에서 벗어난 위치에 계획하여 피난동선의 폭에 영향을 주지 않도록 한다.

(4) 계단참

① 계단참의 폭(깊이)은 계단폭 이상으로 계획하며, 참 내부에는 단차가 없도록 한다.

② 계단참에서의 승강부분의 절곡점을 깔끔하게 처리하기 위해서는 오름계단을 한 계단 뒤쪽으로 엇갈리게 하는 것이 효과적이다. 또 오름계단을 한 계단 앞쪽으로 내면 난간의 꺾임 위치를 일치시킬 수 있다.

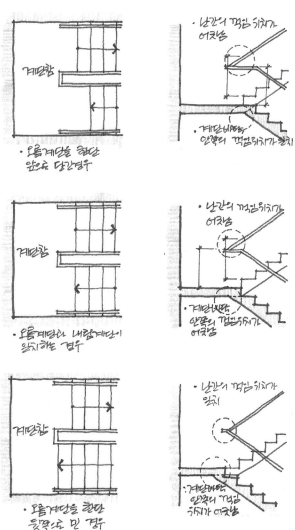

[그림 2-12 계단과 계단참의 관계]

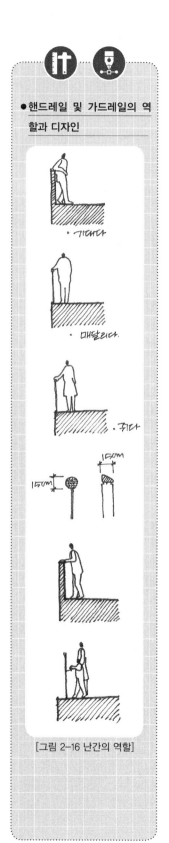
・기대다

・매달리다

・뒤다

150cm   150cm

[그림 2-16 난간의 역할]

(5) 난간 – 핸드레일, 가드레일 설치

① 계단의 난간은 승강시 체중의 균형을 유지하거나 신체를 떠 받치는 역할을 한다. 따라서 난간의 높이, 난간 손스침, 난간살의 형상이나 크기에 유의한다.

② 계단의 양측에 연속적으로 설치하도록 한다.

③ 계단폭이 3m를 넘을 경우 중앙에 3m 이내마다 핸드레일을 설치한다.

④ 장애인을 위해 난간의 끝부분을 수평방향으로 연장하거나 그곳의 위치 등을 식별하기 좋게 표시하는 것이 좋다.

⑤ 높이의 변화나 코너는 둥글게 처리하도록 하며 너무 각이 지지 않도록 한다.

⑥ 계단의 난간 높이는 통상 85cm 정도이며, 복도 및 발코니의 난간 높이는 바닥 마감면에서 120cm 이상으로 한다.

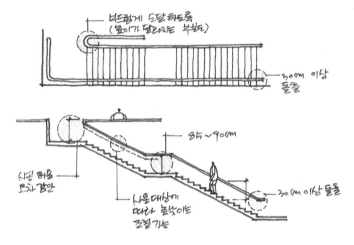

[그림 2-14 계단난간]

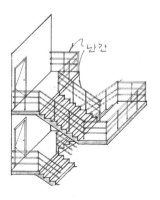

[그림 2-15 난간의 겨냥도]

⑦ 계단 및 경사로의 양쪽 그리고 벽체가 없어 추락의 위험이 있는 수평구간에 설치한다.

⑧ 난간은 계단과 경사로의 시작과 끝부분에서 최소한 30cm 이상 연장하되, 난간이 다른 부분으로 이어지는 경우는 그렇지 아니하다.

⑨ 난간은 계단 및 경사로의 유효폭에 영향을 주지 않는다.

(6) 출입구

① 모든 출입구는 피난방향으로 개폐된다. 따라서, 각 출입구는 계단이 설치되는 홀 방향으로 개폐되며, 외부 출입구는 외부방향으로 개폐된다.

② 출입구의 궤적은 피난영역을 지날 수 없지만, 휠체어 회전영역은 지날 수 있되, 휠체어 회전영역에 출입문이 놓여서는 안 된다.

3. 경사로계획

[1] 경사로의 이해

(1) 유효폭 및 활동공간

① 경사로의 유효폭은 1.2m 이상으로 하여야 한다. 다만, 건축물의 증축·개축·재축·이전·대수선 또는 용도변경하는 경우로서 1.2m 이상의 유효폭을 확보하기 곤란한 때에는 0.9m까지 완화할 수 있다.

② 바닥면으로부터 높이 0.75m 이내마다 휴식을 할 수 있도록 수평면으로 된 참을 설치하여야 한다.

③ 경사로의 시작과 끝, 굴절부분 및 참에는 1.5×1.5m 이상의 활동 공간을 확보하여야 한다. 다만, 경사로가 직선인 경우에 참의 활동공간의 폭은 ①에 따른 경사로의 유효폭과 같게 할 수 있다.

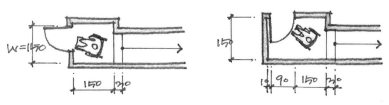

[그림 2-17 경사로의 유효폭 및 활동공간]

●장애인시설 기준의 법적 근거

장애인·노인·임산부 등의 편의증진보장에 관한 법률시행규칙 2조 1항 별표 1

(2) 기울기

① 경사로의 기울기는 1/12 이하로 하여야 한다.

② 다음의 요건을 모두 충족하는 경우에는 경사로의 기울기를 1/8까지 완화할 수 있다.

- 신축이 아닌 기존시설에 설치되는 경사로일 것
- 높이가 1m 이하인 경사로로서 시설의 구조 등의 이유로 기울기를 12분의 1 이하로 설치하기 어려울 것
- 시설관리자 등으로부터 상시보조서비스가 제공될 것

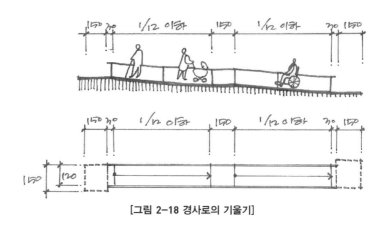

[그림 2-18 경사로의 기울기]

(3) 손잡이

① 경사로의 길이가 1.8m 이상이거나 높이가 0.15m 이상인 경우에는 양측면에 손잡이를 연속하여 설치하여야 한다.

② 손잡이를 설치하는 경우 경사로의 시작과 끝부분에는 수평손잡이를 0.3m 이상 연장하여 설치하여야 한다. 다만 통행상 안전을 위하여 필요한 경우에는 수평손잡이를 0.3m 이내로 설치할 수 있다.

③ 손잡이에 관한 기타 세부기준은 제7호의 복도의 손잡이에 관한 규정을 적용한다.

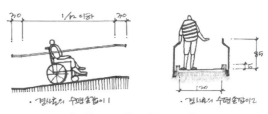

[그림 2-19 핸드레일 구조도]

(4) 재질과 마감

① 계단의 바닥표면은 미끄러지지 아니하는 재질로 평탄하게 마감하여야 한다.

② 양측면에는 휠체어의 바퀴가 경사로 밖으로 미끄러져 나가지 않도록 높이 5cm 이상의 추락방지턱 또는 측벽을 설치할 수 있다.

③ 휠체어의 벽면 충돌에 따른 충격을 완화하기 위하여 벽에 매트를 부착할 수 있다.

[그림 2-20 경사로 예]

[2] 경사로의 계획

① 장애인 경사로의 경사도는 1/12이므로 적은 높이차를 극복하기 위해서도 상당히 긴경사로가 필요하므로 외부 출입구를 기준으로 한 개 혹은 두 개 레벨까지만(약 1m 이하) 요구되기가 쉽다.

② 경사로 설치영역을 최대한 확보하기 위하여 경사로는 벽을 따라 배치되기 쉽다.

③ 경사로의 시작과 끝, 중간 참 부분에는 휠체어가 회전할 수 있도록 1.5× 1.5m 또는 지름 1.5m의 휠체어 회전영역을 계획한다.

④ 난간을 포함한 어떤 요소도 휠체어 회전영역을 침범할 수 없다.(출입문의 궤적은 침범할 수 있음)

● 코어설계

2003년 건축사 자격시험에 출제된 유형임

05. 코어(CORE)형식

1. 코어의 이해

[1] 구성요소

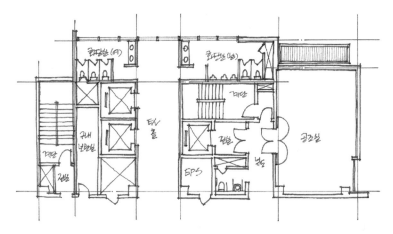

[그림 2-21 코어의 구성요소]

① 계단실 : 피난계단과 특별피난계단은 방화를 위하여 내화구조의 벽으로 둘러 싸인 실로 계획한다.

② 승강기(엘리베이터) : 건물 내부의 수직이동 통로로서 사람과 화물을 신속하게 원하는 층으로 이동시켜 준다.

③ 화장실 : 가능하면 외기에 면하는 것이 좋으나 그렇지 않은 경우 반드시 배기설비를 설치한다.

④ 복도 : 건축물 내부 또는 건축물과 건축물 사이에 비·눈 등의 자연조건에 관계없이 다닐 수 있도록 지붕을 씌워 연결해 놓은 통로이다.

⑤ 공조실 : 건물의 공기조화를 목적으로 하는 실로 내부에 냉난방 부하를 해결하기 위한 공조기가 배치된다.

⑥ 설비공간 : 코어 내의 설비덕트는 건축물의 신경계통이며 설비시설의 보호막이다. 종류로는 전기배선 보호를 위한 EPS, 기계설비 덕트인 PD, 공조설비 덕트인 AD, 배연설비덕트인 ST 등이 있다.

2. 코어(CORE)의 계획

[1] 코어계획의 고려사항

(1) 평면계획

① 계단설계의 편의성과 법적 기준을 반영한다.

② 엘리베이터의 규모와 기능을 고려하고 편의성과 법적 기준을 반영한다.

③ 수직이동 동선(계단, 엘리베이터 등)은 피난계획과 Barrier Free Design의 시설 기준을 최대한 만족하도록 한다.

④ 거실의 어느 위치에서나 피난이 가능하여야 하며 막다른 통로가 발생하지 않도록 유의한다.

⑤ 유효면적 증대효과를 기대할 수 있다.

(2) 설비계획

① 공조기, PD, AD 등의 역할과 기능, 설치시 유의사항 및 기준 등을 정리하여 둔다.

② 설비계획의 장점으로는 중추기능의 집중화를 들 수 있다.

(3) 구조계획

코어의 구조적 장점으로는 풍력, 지진력 등의 횡력을 부담하는 구조체로서의 기능성을 들 수 있다.

(4) 코어계획의 기본원칙

① 계단과 엘리베이터 및 화장실은 가능한 한 근접시킬 것. 그러나 피난용 특별계단 상호 간의 법정거리 내에서 가급적 멀리 둘 것

② 코어 내의 공간과 거실 사이의 동선이 간단할 것

③ 코어 내의 공간의 위치가 명확할 것. 특히 외래자가 화장실의 위치를 잘 알 수 있도록 하되, 건물의 출입구 홀이나 복도에서 화장실의 내부가 들여다 보이지 않도록 할 것

④ 엘리베이터 홀이 출입구 문에 바싹 접근해 있지 않도록 할 것

⑤ 엘리베이터는 가급적 중앙에 집중될 것

⑥ 코어 내의 각 공간의 위치가 각 층과 동일 위치에 있을 것

⑦ 잡용실, 급탕실은 가급적 접근시킬 것

● 코어계획

코어는 건축물에서 두뇌와 같은 역활을 하는 일종의 신경조직으로 코어 내에는 계단, 엘리베이터, 화장실, 홀 등의 이동 동선 및 활동의 기능과 화장실, 설비덕트, 공조실 등의 설비기능, 내진벽 등으로서의 구조적 기능을 담당한다.

[2] 계단실

(1) 직통계단의 설치 기준

① 피난층이 아닌 층에서의 보행거리 기준

피난층이 아닌 층에서 거실 각 부분으로부터 피난층(직접 지상으로 통하는 출입구가 있는 층) 또는 지상으로 통하는 직통계단(경사로 포함)에 이르는 보행거리는 30m 이하가 되도록 설치하여야 한다.

② 피난층에서의 보행거리 기준

[표 2-5] 피난층의 계단 및 거실로부터 건축물 바깥쪽의 출구에 이르는 보행거리

분류	내용	예외 (주요 구조부가 내화구조, 불연재료일 경우)
계단에서 옥외 출구까지의 거리	30m 이하	50m 이하(16층 이상 공동주택 40m)
거실로부터 옥외 출구까지의 거리	60m 이하	100m 이하(16층 이상 공동주택 80m)

• 피난층에 있는 비상용 승강장의 출입구로부터 도로, 공지에 이르는 보행거리 : 30m 이하

③ 직통계단을 2개소 이상 설치해야 하는 건축물

건축물의 피난층이 아닌 층에서 피난층 또는 지상으로 통하는 직통계단을 2개소 이상 설치해야 하는 경우는 다음의 내용을 따른다.

• 설치기준 : 2개소 이상 직통계단의 출입구는 피난에 지장이 없도록 일정한 간격을 두어 설치하고, 각 직통계단 상호 간에는 각각 거실과 연결된 복도 등 통로를 설치하여야 한다.

• 설치대상

[표 2-6] 직통계단 2개소 이상 설치대상

피난층 외의 층의 용도	해당 부분	바닥면적 합계
• 문화 및 집회시설(전시장, 동 · 식물원 제외) • 종교시설 • 위락시설 중 주점영업 • 의료시설 중 장례식장	해당 층의 관람석 또는 집회실	200m²

• 단독주택 중 다중주택 • 다가구주택 • 제2종 근생 중 학원 • 독서실 • 판매시설, 운수시설(여객용시설) • 의료시설(치과병원 제외) • 교육시설 중 학원 • 노유자시설 중 아동시설, 노인복지시설 • 수련시설 중 유스호스텔 • 숙박시설, 장례식장	3층 이상으로 당해 용도로 쓰이는 거실	200m² 이상
• 공동주택(층당 4세대 이하 제외) • 오피스텔	해당층의거실	300m²이상
위에 해당하지 않는 용도	3층 이상의 층으로 해당층의거실	400m² 이상
지하층	해당 층의 거실	200m² 이상

(2) 피난계단의 설치기준

① 피난계단, 특별 피난계단 설치대상 기준

- 5층 이상의 층으로부터 피난층 또는 지상으로 통하는 직통계단
- 지하 2층 이하의 층으로부터 피난층 또는 지상으로 통하는 직통계단
- 지하 1층인 건축물은 5층 이상의 층으로부터 피난층 또는 지상으로 통하는 직통계단과 직접 연결된 지하 1층의 계단

[표 2-7] 피난계단, 특별피난계단 설치기준

층의 위치	직통계단의 구조	예 외
5층 이상 지하 2층 이하	• 피난계단 또는 특별 피난계단 • 판매 및 영업시설 중 도매시장 · 소매시장 · 상점용도로 쓰이는 층으로부터의 직통계단은 1개소 이상 특별 피난계단으로 설치해야 한다.	주요 구조부가 내화구조, 불연재료로 된 건축물로서 5층 이상의 층의 바닥면적 합계가 200m² 이하이거나 매 200m² 이내마다 방화구획이 된 경우는 제외
11층 이상 (공동주택은 16층 이상) 지하 3층 이하	특별 피난계단	• 갓복도식 공동주택을 제외 • 바닥면적 400m² 미만인 층은 제외

● 피난계단 설치의 법적 기준

- 건축법 시행령 제35조(피난계단의 설치)
- 건축법 시행령 제36조(옥외 피난계단의 설치)

● 피난계단, 특별 피난계단 설치대상 예외 기준

건축물의 구조부가 내화구조 또는 불연재료로 된 다음의 경우는 예외
① 5층 이상의 층의 바닥면적 합계가 200m² 이하인 경우
② 5층 이상의 층의 바닥면적 합계가 200m² 이내 마다 방화구획이 되어 있는 경우

• 피난계단, 특별 피난계단 추가로 설치해야 하는 기준

[표 2-8] 피난계단, 특별피난계단 추가설치 대상기준

층의 위치	용도	설치규모
5층 이상의 층	• 문화 및 집회시설(전시장, 동·식물원) • 관광휴게시설(다중이용시설) • 교육연구 및 복지시설(생활권 수련시설) • 판매 및 영업시설 • 운동시설 • 위락시설	(5층 이상의 층으로서 당해 층에 당해 용도로 쓰이는 바닥면적의 합계-2,000m²)/2,000m²

• 옥외 피난계단의 설치기준

건축물의 3층 이상 층(피난층 제외)으로서 다음에 해당하는 용도에 쓰이는 층

[표 2-9] 옥외피난계단의 설치기준

층의 위치	용도	당해 용도층의 거실 바닥면적 합계
피난층을 제외한 3층 이상의 층	• 공연장(문화 및 집회시설) • 주점영업(위락시설)	300m² 이상
	• 집회장(문화 및 집회시설)	1,000m² 이상

(3) 피난계단의 구조기준

① 옥내 피난계단의 구조 기준

• 계단실은 창문 등을 제외하고는 내화구조의 벽으로 구획할 것
• 계단실의 벽 및 반자의 실내에 접하는 부분의 마감은 불연재료로 할 것
• 계단실에는 예비전원에 의한 조명 설비를 할 것
• 계단실 바깥쪽에 접하는 창문 등은 당해 건축물의 다른 부분에 설치하는 창문 등으로부터 2m 이상 띄울 것
• 계단실의 옥내에 접하는 창문 등은 망입유리의 붙박이창으로서 그 면적이 각각 1m²이하로 할 것
• 계단실로 통하는 출입구의 구조 및 유효 너비 출입구의 유효너비는 0.9m 이상으로 한다.
  갑종 방화문, 을종 방화문을 설치한다.(방화문은 언제나 닫힌 상태를 유지하거나 화재시 연기의 발생 또는 온도의 상승에 의하여 자동으로 닫히는 구조일 것)
• 계단은 내화구조로 하고 피난층 또는 지상까지 직접 연결되도록 할 것

● **피난계단구조의 법적 기준**

건축물의 피난, 방화구조 등의 기준에 관한 규칙 제9조

② 옥외 피난계단의 구조
  • 계단은 그 계단으로 통하는 출입구 외의 창문 등(망입 유리 붙박이 창으로서 그 면적이 각각 1m²이하는 제외)으로부터 2m 이상 거리를 두고 설치할 것
  • 옥내로부터 계단으로 통하는 출입구에는 갑종 방화문, 을종 방화문을 설치할 것

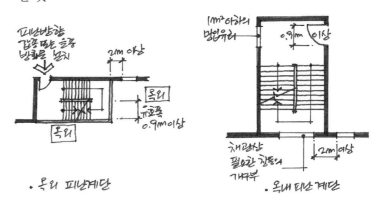

[그림 2-22 피난계단의 구조]

(4) 특별 피난계단의 구조기준

① 옥내에서 계단실로의 출입

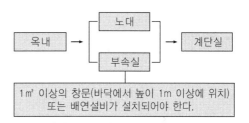

[그림 2-23 특별피난계단 출입동선]

② 계단실, 노대, 부속실은 창문 등을 제외하고는 내화구조의 벽으로 구획할 것
③ 계단실 및 부속실의 벽 및 반자로서 실내에 접하는 부분의 마감은 불연재료로 할 것
④ 계단실에는 예비전원에 의한 조명설비를 할 것
⑤ 계단실, 노대, 부속실의 옥외에 접하는 창문 등은 계단실, 노대, 부속실 외의 다른 부분에 설치하는 창문 등으로부터 2m 이상 거리를 둘 것
⑥ 계단실에는 노대 또는 부속실에 접하는 부분 외에는 건축물 안쪽에 접하는 창문, 출입문을 설치하지 말 것

⑦ 계단실과 접하는 노대, 부속실의 창문 등은 망입유리 붙박이창으로서 그 면적을 각각 1m² 이하로 할 것

⑧ 노대 및 부속실에는 계단실 외의 건축물 내부와 연결하는 창문 등을 설치하지 말 것

⑨ 노대, 부속실로 통하는 출입구에는 갑종방화문을 설치할 것

⑩ 노대, 부속실로부터 계단실로 통히는 출입구에는 갑종·을종 방화문을 설치할 것

⑪ 계단은 내화구조로 하되 피난층 또는 지상까지 직접 연결되도록 할 것

⑫ 출입구의 유효너비는 0.9m 이상으로 하고 피난방향으로 열 수 있을 것

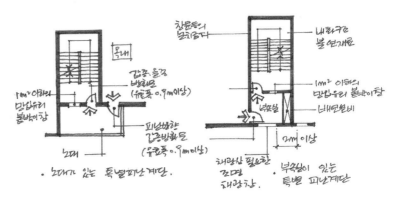

[그림 2-24 특별피난계단의 구조]

(5) 장애인 등의 통행이 가능한 계단

① 계단의 형태
  • 계단은 직선 또는 꺾임형태로 설치할 수 있다.
  • 바닥면으로부터 높이 1.8m 이내마다 휴식을 할 수 있도록 수평면으로 된 참을 설치할 수 있다.

② 유효폭
  • 계단 및 참의 유효폭은 1.2m 이상으로 하여야 한다. 다만, 건축물의 옥외 피난계단은 0.9m 이상으로 할 수 있다.

③ 디딤판과 챌면
  • 계단에는 챌면을 반드시 설치하여야 한다.
  • 디딤판의 너비는 0.28m 이상, 챌면의 높이는 0.18m 이하로 하되, 동일한 계단(참을 설치하는 경우에는 참까지의 계단을 말한다)에서 디딤판의 너비와 챌면의 높이는 균일하게 하여야 한다.

● 장애인용 계단

원형 계단은 장애인의 피난용으로는 부적합하다.

- 디딤판의 끝부분에 발끝이나 목발의 끝이 걸리지 아니하도록 챌면의 기울기는 디딤판의 수평면으로부터 60도 이상으로 하여야 하며, 계단코는 3cm 이상 돌출하여서는 아니 된다.

④ 손잡이 및 점자 표지판
- 계단의 측면에는 손잡이를 연속하여 설치하여야 한다. 다만, 방화문 등의 설치로 손잡이를 연속하여 설치할 수 없는 경우에는 방화문 등의 설치에 소요되는 부분에 한하여 손잡이를 설치하지 아니할 수 있다.
- 경사면에 설치된 손잡이의 끝부분에는 0.3m 이상의 수평 손잡이를 설치하여야 한다.
- 손잡이의 양끝부분 및 굴절부분에는 층수, 위치 등을 나타내는 점자 표지판을 부착하여야 한다.

※ 참고사항
- 계단의 손잡이는 가능한 한 양측에 연속되도록 설치한다.
- 손잡이가 끊어지면 시각장애인은 계단이 끝난 것으로 인식하므로 매우 위험한 상황에 놓이게 된다.
- 계단의 손잡이는 보행 장애인에게 몸의 균형을 유지해 주는 지팡이가 되고 시각 장애인에게는 재난시 생명선이 된다.
- 계단의 끝부분에서 좌우로 이어지는 복도가 연결된 경우에는 계단의 난간도 연속되는 복도방향까지 이어지도록 연장하여 설치한다.
- 시각장애인은 물론 노인 등 보행장애인의 안전을 보장해주는 역할을 한다.
- 계속 같은 방향으로 연속되는 통로의 경우 계단의 시작과 끝 지점에 수평 손잡이를 설치한다.

(6) 계단실 계획

1) 계단의 위치
① 주계단은 방문자가 위치를 파악하기 용이한 위치에 계획한다.
② 엘리베이터 홀에 근접 배치하며 상하층 동일한 위치에 계획한다.
③ 계단은 각실에서 최단거리가 되는 곳에 위치하도록 한다.
④ 피난계단은 공지로 피난이 가능하도록 배치한다
⑤ 2개 이상의 피난계단 배치시 가급적 분리 배치하여 양방향 피난이 가능하도록 한다.

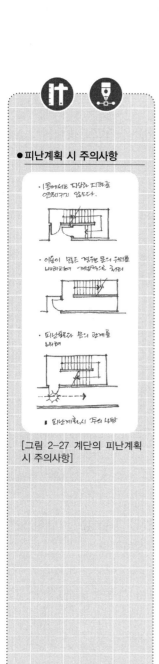

2) 평면 계획

① 사용목적(상용 및 피난용) 및 이용상태를 파악하여 계획한다.

② 출구의 개폐는 피난방향을 고려하고, 문이 열릴 때 피난복도의 폭이 좁아지지 않고 통행인과 충돌이 없도록 계획한다.

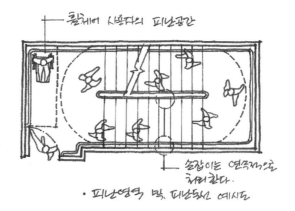

[그림 2-25 피난영역 및 피난동선 예시도]

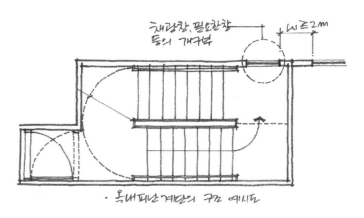

[그림 2-26 옥내피난계단의 구조 예시도]

3) 계단실의 단면계획

① 챌면, 디딤판의 높이 및 폭은 일정하게 유지한다.

② 위에서 아래까지 연속된 공간으로 공기, 소리, 냄새 등의 확산통로가 될 수 있음에 유의한다.

③ 출입문과 복도, 피난참에는 단차를 두지 않는다.

④ 조명, 사인 등에 유의하여 일체감이 있는 디자인을 한다.

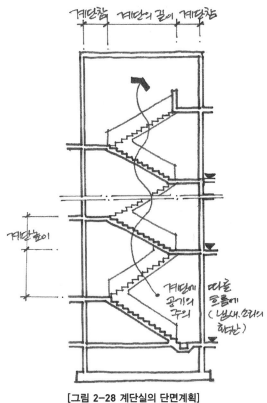

[그림 2-28 계단실의 단면계획]

4) 계단실의 배치계획

계획시 인접 대지로의 연소에 유의하며 공지로 피난이 가능하도록 적절한 피난 통로폭을 확보한다.

● 계단실의 배치계획

피난계단은 공지로 피난이 가능하도록 배치한다.

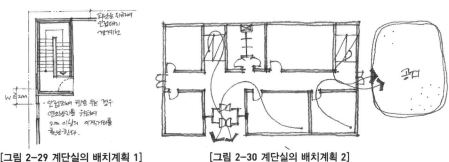

[그림 2-29 계단실의 배치계획 1]   [그림 2-30 계단실의 배치계획 2]

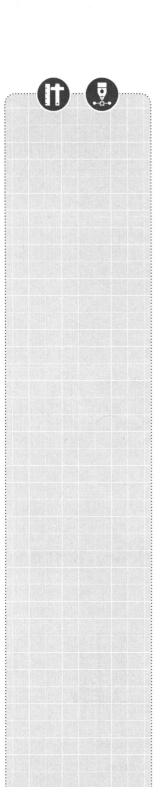

⑤ 재질과 마감

- 계단의 바닥 표면은 미끄러지지 아니하는 재질로 평탄하게 마감할 수 있다.
- 계단코에는 줄눈 넣기를 하거나 경질 고무류 등을 미끄럼 방지재로 마감하여야 한다.(다만, 바닥 표면 전체를 미끄러지지 아니하는 재질로 마감한 경우에는 예외)
- 계단이 시작되는 시점과 끝나는 시점에 0.3m 선년에는 섬형블록을 설치하거나 시각장애인이 감지할 수 있도록 바닥재의 질감 등을 달리하여야 한다.

[3] 승강기(엘리베이터)

(1) 종류

① 로프식

- 기계실이 E/V 샤프트 상부에 위치하며 가장 널리 사용되는 방식으로 유압식보다 운행속도가 빠르며 고층건물에도 사용 가능하다.
- 기계실의 도르래에 로프가 매달려 있고 로프의 한쪽에는 승강기, 다른 쪽에는 균형추가 매달려 있는 방식이다.

② 유압식

- 펌프에서 토출된 유압으로 플런저를 작동시켜 승강기를 움직이는 방식으로 기계실의 배치가 자유로우며 속도가 느리고 저층건물에 적합하다.

(2) 운행방식

① 더블테크방식 : 짝수층, 홀수층으로 운행층을 구분한다.

② 컨벤셔널조닝방식 : 저층용, 중층용, 고층용으로 구분한다. 60층 미만인 건물이 적당하다.

③ 스카이로비방식 : 컨벤셔널조닝방식에서 각 조닝을 좀 더 세분하여 운행하는 방식으로 60층 이상에 어울리는 방식이다.

(3) 비상용 승강기

비상용 승강기는 비상시(화재등)의 피난을 위한 승강기가 아니다. 화재시 진압을 위한 승강기이므로 화재 진압용 승강기라고도 한다.

(4) 설치기준

① 승용 승강기

- 설치대상 건축물 : 층수가 6층 이상으로서, 연면적이 2,000m² 이상인 건축물

[표 2-10] 승용 승강기 설치기준

건축물의 용도	6층 이상 거실면적의 합계(Am²)	
	3,000m² 이하	3,000m² 초과
• 문화 및 집회시설 (공연장, 집회장, 관람장) • 판매 및 영업시설 (도 · 소매시장, 상점) • 의료시설(병원, 격리병원)	2대	2대에 3,000m² 를 초과하는 경우에는 그 초과하는 매 2,000m² 이내마다 1대의 비율로 가산한 대수 $\therefore 2 + \dfrac{A - 3,000m^2}{2,000m^2}$
• 문화 및 집회시설 (전시장, 동 · 식물원) • 업무시설 • 숙박시설 • 위락시설	1대	1대에 3,000m² 를 초과하는 경우에는 그 초과하는 매 2,000m² 이내마다 1대의 비율로 가산한 대수 $\therefore 1 + \dfrac{A - 3,000m^2}{2,000m^2}$
• 공동주택 • 교육연구 및 복지시설 • 기타 시설	1대	1대에 3,000m² 를 초과하는 경우에는 그 초과하는 매 3,000m² 이내마다 1대의 비율로 가산한 대수 $\therefore 1 + \dfrac{A - 3,000m^2}{2,000m^2}$

- 승강기의 대수 기준을 산정 시 8인승 이상 15인승 이하는 위 표에 의한 1대의 승강기로 보고, 16인승 이상의 승강기는 2대의 승강기로 본다.

② 비상용 승강기

- 설치대상 : 높이 31m를 넘는 건축물에는 다음의 기준에 의한 대수 이상의 비상용 승강기를 설치하여야 한다.(비상용 승강기의 승강장 및 승강로 포함)

- 설치기준

[표 2-11] 비상용 승강기 설치기준

높이 31m를 넘는 각 층의 바닥면적 중 최대 바닥면적(Am²)	1,500m² 이하	1대 이상
	1,500m² 초과	1대에 1,500m²를 넘는 3,000m² 이내마다 1대씩 가산 $\therefore 1 + \dfrac{A - 3,000m^2}{2,000m^2}$

● 승용 및 비상용 승강기 설치 기준

- 건축물의 높이
- 층수
- 바닥면적
- 용도

●비상용 승강기

비상용 승강기는 비상시(화재
시)에 피난을 위한 승강기가
아니라 화재를 진압하기 위해
소방관들이 사용하는 승강기
이다.

• 설치 예외 규정

[표 2-12] 비상용 승강기 설치 예외 규정

높이 31m를 넘는	• 각 층을 거실 외의 용도로 쓰는 건축물 • 각 층의 바닥 면적의 합계가 500m² 이하인 건축물 • 층수가 4개층 이하로서 당해 각 층의 바닥 면적의 합계 200m² (벽 및 반자가 실내에 접하는 부분의 마감을 불연 재료로 한 경우에는 500m² 이내) 마나 방화 구획으로 구획한 건축물
• 승용 승강기를 비상용 승강기의 구조로 하는 경우	

③ 비상용 승강기의 승강장 구조

• 승강장의 창문, 출입구 기타 개구부를 제외한 부분은 당해 건축물의 다른 부분과 내화 구조의 바닥 및 벽으로 구획할 것

• 다만, 공동 주택의 경우에는 승강장과 특별피난계단의 부속실과의 겸용부분을 특별피난계단의 계단실과 별도로 구획하는 때에는 승강장을 특별피난계단의 부속실과 겸용할 수 있다.

• 승강장은 피난층을 제외한 각 층의 내부와 연결될 수 있도록 하되, 그 출입구에는 갑종 방화문을 설치할 것

• 노대 또는 외부를 향하여 열 수 있는 창문이나 배연 설비를 설치할 것

• 벽 및 반자가 실내에 접하는 부분의 마감재료(마감을 위한 바탕을 포함)는 불연 재료로 할 것

• 채광이 되는 창문이 있거나 예비 전원에 의한 조명 설비를 할 것

• 승강장의 바닥 면적은 비상용 승강기 1대에 대하여 6m²이상으로 할 것

※ 예외 : 옥외에 승강장을 설치하는 경우

• 피난층이 있는 승강장의 출입구(승강장이 없는 경우에는 승강로의 출입구로부터 도로 또는 공지(공원, 광장, 기타 이와 유사한 것으로서, 피난 및 소화를 위한 당해 대지에의 출입에 지장이 없는 것)에 이르는 거리가 30m 이하일 것

• 승강장 출입구 부근의 잘 보이는 곳에 당해 승강기가 비상용 승강기임을 알 수 있는 표지를 할 것

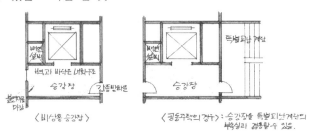

[그림 2-31 비상용 승강기 승강장의 구조]

④ 비상용 승강기의 승강로의 구조
- 승강로는 당해 건축물의 다른 부분과 내화 구조로 구획할 것
- 승강로는 전 층을 단일 구조로서 연결하여 설치할 것

⑤ 비상용 승강기의 설치 간격
- 2대 이상의 비상용 승강기를 설치하는 경우에는 화재시 소화에 지장이 없도록 일정한 간격을 두고 설치할 것

(5) 장애인용 승강기 설치기준

① 설치장소 및 활동공간
- 장애인용 승강기는 장애인 등의 접근이 가능한 통로에 연결하여 설치하되, 가급적 건축물 출입구와 가까운 위치에 설치하여야 한다.
- 승강기의 전면에는 1.4×1.4m 이상의 활동 공간을 확보하여야 한다.
- 승강장 바닥과 승강기 바닥의 틈은 3cm 이하로 하여야 한다.

② 승강기의 크기
- 승강기 내부의 유효 바닥면적은 폭 1.1m 이상, 깊이 1.35m 이상으로 하여야 한다.
- 출입문의 통과 유효폭은 0.8m 이상으로 하되, 신축한 건물의 경우에는 출입문의 통과유효폭을 0.9m 이상으로 할 수 있다.

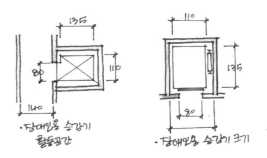

[그림 2-32 장애인용 승강기 크기 및 활동공간]

③ 이용자 조작설비

• 호출버튼, 조작반, 통화장치 등 승강기의 안팎에 설치되는 모든 스위치의 높이는 바닥면으로부터 0.8m 이상 1.2m 이하로 설치하여야 한다. 다만, 스위치의 수가 많아 1.2m 이내에 설치하는 경우 1.4m 이하까지 완화할 수 있다.

• 승강기 내부의 휠체어 사용자용 조직빈은 진입 방향 우측면에 가로형으로 설치하고, 그 높이는 바닥면으로부터 0.85m 내외로 하며, 수평손잡이와 겹치지 않도록 하여야 한다. 다만, 승강기의 유효 바닥면적이 1.4×1.4m 이상인 경우에는 진입방향 좌측면에 설치할 수 있다.

• 조작설비의 형태는 버튼식으로 하되 시각장애인 등이 감지할 수 있도록 층수 등을 점자로 표시하여야 한다.

• 조작반·통화장치 등에는 점자표시를 하여야 한다.

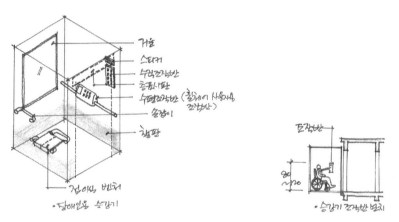

[그림 2-33 장애인용 승강기 세부구조]

④ 기타 필요 설비

• 승강기의 내부에는 수평 손잡이를 바닥에서 0.8m 이상 0.9m 이하의 위치에 연속하여 설치하거나 수평 손잡이 사이에 3cm 이내의 간격을 두고 측면과 후면에 각각 설치하되, 손잡이에 관한 세부기준은 제7호의 복도의 손잡이에 관한 규정을 적용한다.

• 승강기 내부의 후면에는 내부에서 휠체어가 180도 회전이 불가능할 경우에는 휠체어가 후진하여 문의 개폐 여부를 확인하거나 내릴 수 있도록 승강기 후면의 0.6m 이상의 높이에 견고한 재질의 거울을 설치하여야 한다.

● **장애인용 승강기 위치**

주출입구에서 가까우며 인지
하기 쉬운 곳에 배치함

- 각 층의 승강장에는 승강기의 도착 여부를 표시하는 점멸등 및 음향 신호장치를 설치하여야 하며, 승강기의 내부에는 도착층 및 운행상황을 표시하는 점멸등 및 음성신호장치를 설치하여야 한다.
- 광감지식 개폐장치를 설치하는 경우에는 바닥면으로부터 0.3m에서 1.4m 이내의 물체를 감지할 수 있도록 하여야 한다.
- 사람이나 물체가 승강기문의 중간에 끼었을 경우 문의 작동이 자동적으로 멈추고 다시 열리는 되열림 장치를 설치하여야 한다.
- 각 층의 장애인용 승강기의 호출버튼의 0.3m 전면에는 점형블록을 설치하거나 시각장애인이 감지할 수 있도록 바닥재의 질감 등을 달리하여야 한다.
- 승강기 내부의 상황을 외부에서 알 수 있도록 승강기 전면의 일부에 유리를 사용할 수 있다.
- 승강기 내부의 층수 선택버튼을 누르면 점멸등이 켜짐과 동시에 음성으로 선택된 층수를 안내해 주어야 한다. 또한, 층수선택버튼이 토글방식인 경우에는 처음 눌렀을 때에는 점멸등이 켜지면서 선택한 층수에 대한 음성안내가, 두 번째 눌렀을 때에는 점멸등이 꺼지면서 취소라는 음성안내가 나오도록 하여야 한다.
- 층별로 출입구가 다른 경우에는 반드시 음성으로 출입구의 방향을 알려주어야 한다.
- 출입구, 승강대, 조작기의 조도는 저시력인 등 장애인의 안전을 위하여 최소 150LX 이상으로 하여야 한다.

[그림 2-34 휠체어 사용자용
승강기 조작반과 인터폰]

[그림 2-35 장애인용 승강기 앞
바닥 마감재 변화]

(6) 승강기 홀의 배치계획

① 현관, 접수, 엘리베이터 홀의 위치관계는 건물의 용도, 성격에 따라 결정한다.

② 동선의 흐름을 충분히 고려한다.

③ 하나의 그룹(Bank)은 4대 정도, 1면에 3대 정도가 바람직하다.

④ 엘리베이터 홀의 방재적 배려를 한다.(단독 배연구획, 대피통로로 하지 않는 등, 고층건물에서는 규제가 강화된다.)

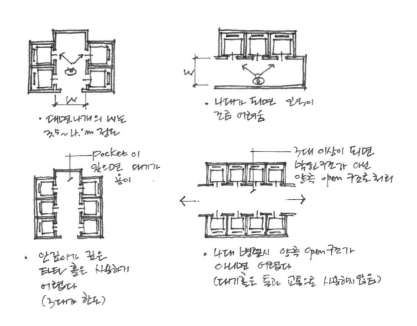

[그림 2-36 ELEVATOR BANK 구성]

(7) 화물용 승강기의 배치계획

① 승강장 문의 폭과 넓이는 가능한 크게 한다.
(엘리베이터 내부 천장높이도 높게 한다.)

② 상처나 더러움이 쉽게 생기지 않는 마감으로 한다.

③ 안쪽 동선에 설치하여 눈에 띄지 않도록 배려 한다.

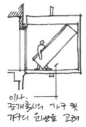

[그림 2-37 화물용 승강기 계획]

(8) 비상용 승강기의 배치계획

① 일반용 승강기와 이격시켜 배치하거나 또는 설비체계의 편의를 위하여 인접하여 배치한다.

② 비상용 승강기의 승강장에는 급·배기 풍도를 설치한다.

[4] 화장실

(1) 기본사항

① 남녀 구분하여 계획한다.

② 하나의 통로에서 남여 구분되는 경우 왼쪽/앞쪽에 남자화장실, 오른쪽/뒤쪽에 여자화장실이 배치된다.

③ 출입구는 문 설치를 기본으로 하며 시선 차단을 위한 트랩을 설치하는 경우는 문이 없어도 가능하다.

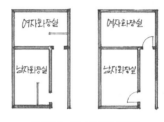

[그림 2-38 화장실 계획]

(2) 화장실 구성유형

① 유형 1-대변기와 한쪽 통로

• 대부분의 칸막이 기성품의 size는 unit 당 1,000×1,500으로 하고 있다.(최소 900×1,350은 확보되어야 한다.)

• 통로는 최소 900에서 평균 1,000 정도 확보(화장실문의 안쪽으로 열리는 것을 전제로 한다.)

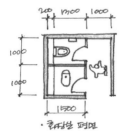

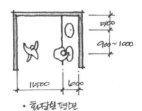

② 유형 2-세면기와 한쪽통로
- 세면기 폭은 500(단일형)~600(연속형)
- 세면기의 간격은 900~1,000 벽에서는 500 정도 확보한다.
- 통로폭은 세면하는 사람을 고려하여 1,200~1,500 확보한다.

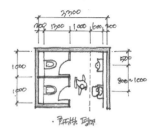

③ 유형 3-대변기와 통로와 소변기
- 유형 1의 size에서 소변기 공간 800을 확보한다. 소변기 간격은 900~1,000, 벽에서 500 정도 확보한다.

④ 유형 4-소변기와 세면기
- 소변공간 800, 통로 1,100, 세면기 500 정도가 확보되어야 한다.

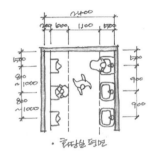

[그림 2-40 화장실 구성 유형]

(3) 화장실의 설계원칙

① 화장실은 원칙적으로 남녀 구분한다.
② 분산하지 말고 가급적 1~2개소에 집중배치한다.
③ 외기에 접하도록 하고 외기에 접하지 못할 경우 반드시 환기설비를 한다.
④ 일반적으로 하나의 통로를 남녀 화장실에서 공동으로 사용하는 경우, 각각의 출입구의 위치는 앞쪽에 남자, 뒤쪽에 여자 출입구를 배치시키고, 왼쪽에 남자 출입구, 오른쪽에 여자 출입구를 둔다.(관례)
⑤ 출입구는 문 설치를 기본으로 하며 시선제어를 위한 트랩을 설치하는 경우에는 문이 없어도 가능하다.

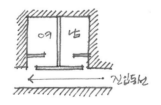

[그림 2-41 남·여 출입구 위치]

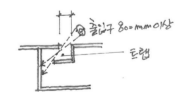

[그림 2-42 시선제어 트랩]

⑥ 방범, 소리의 흐름 면에서도 문의 필요 여부에 대해 충분한 검토가 필요하다.

⑦ 화장실은 수직상 동일한 위치에 계획하여 설비배관 및 경제성을 고려하고 복도 측에 P.S와 A.S를 내경 30~100cm 정도 계획하고 점검구(45~60× 210cm)를 설치한다.

⑧ 청소 소제구는 남자 화장실 내에 설치하고, 소변기 개수는 대변기 개수의 1.5 배로 계획한다.

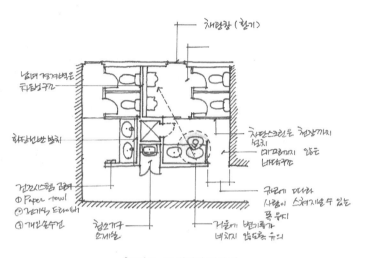

[그림 2-43 화장실 평면도]

(4) 장애인용 화장실 설치기준

1) 일반적 설치기준

① 설치장소
  • 장애인용 화장실은 장애인 등의 접근이 가능한 통로에 연결하여 설치하여 야 한다.
  • 장애인용 변기와 세면대는 출입구(문)와 가까운 위치에 설치하여야 한다.

② 재질과 마감
  • 화장실의 바닥면에는 높이 차이를 두어서는 아니 되며, 바닥표면은 물에 젖어도 미끄러지지 아니하는 재질로 마감하여야 한다.
  • 화장실(장애인용 변기·세면대가 설치된 화장실이 일반화장실과 별도로 설치된 경우에는 일반화장실을 말한다)의 0.3m 전면에는 점형블록을 설치하거나 시각장애인이 감지할 수 있도록 바닥재의 질감 등을 달리하여야 한다.

● 설치장소

• 별도의 장애인 전용화장실을 설치하기보다는 가능하면 일반 남·여 화장실에 각각 장애인 겸용 화장실을 설치한다.
• 공간분할 기술상으로는 벽쪽에 붙어 있는 한 칸이 장애인 겸용인 경우가 많다.
• 변기가 하나뿐인 소형 화장실에서는 그 자체를 장애인 겸용 화장실로 설치한다.

③ 기타 설비

• 화장실(장애인용 변기·세면대가 설치된 화장실이 일반화장실과 별도로 설치된 경우에는 일반화장실을 말한다)의 출입구(문) 옆 벽면의 1.5m 높이에는 남자용과 여자용을 구별할 수 있는 점자 표지판을 부착하고, 출입구(문)의 통과유효폭은 0.9m 이상으로 하여야 한다.

• 세정장치, 수도꼭지 등은 광감시식, 누름버든식, 레버식 등 사용하기 쉬운 형태로 설치하여야 한다.

• 장애인 복지시설은 시각장애인이 화장실(장애인용 변기·세면대가 설치된 화장실이 일반화장실과 별도로 설치된 경우에는 일반화장실을 말한다)의 위치를 쉽게 알 수 있도록 하기 위하여 안내표시와 함께 음성유도장치를 설치하여야 한다.

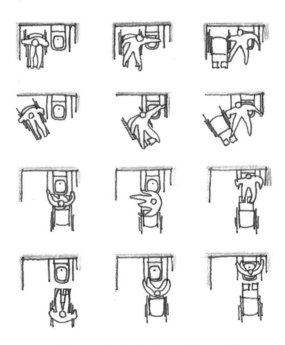

[그림 2-44 장애인의 화장실 사용순서 예시]

2) 대변기 설치기준

① 활동공간

- 건물을 신축하는 경우에는 대변기의 유효바닥면적이 폭 1.6m 이상, 깊이 2.0m 이상이 되도록 설치하여야 하며, 대변기의 좌측 또는 우측에는 휠체어의 측면접근을 위하여 유효폭 0.75m 이상의 활동공간을 확보하여야 한다. 이 경우 대변기의 전면에는 휠체어가 회전할 수 있도록 1.4m×1.4m 이상의 활동공간을 확보하여야 한다.

- 신축이 아닌 기존시설에 설치하는 경우로서 시설의 구조 등의 이유로 (가)의 기준에 따라 설치하기가 어려운 경우에 한하여 유효바닥면적이 폭 1.0m 이상, 깊이 1.8m 이상이 되도록 설치하여야 한다.

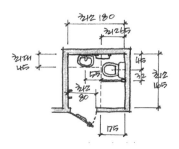

[그림 2-45 장애인 전용 화장실]

- 출입문의 통과유효폭은 0.9m 이상으로 하여야 한다.

- 출입문의 형태는 자동문, 미닫이문 또는 접이문 등으로 할 수 있으며, 여닫이문을 설치하는 경우에는 바깥쪽으로 개폐되도록 하여야 한다. 다만, 휠체어 사용자를 위하여 충분한 활동공간을 확보한 경우에는 안쪽으로 개폐되도록 할 수 있다.

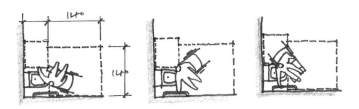

[그림 2-46 휠체어의 위치와 화장실 활동공간]

● **장애인 화장실의 남녀 구분**

현재 대부분의 화장실이 남·여 공용으로 설치되어 있는데 이는 분명히 지양되어야 할 부분이다.

② 구조

• 대변기는 등받이가 있는 양변기 형태로 하되, 바닥 부착형으로 하는 경우에는 변기 전면의 트랩부분에 휠체어의 발판이 닿지 아니하는 형태로 하여야 한다.

• 대변기의 좌대 높이는 바닥면으로부터 0.4m 이상, 0.45m 이하로 하여야 한다.

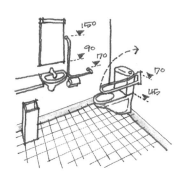

[그림 2-47 장애인 화장실 구조]

③ 손잡이

• 대변기 양옆에는 수평 및 수직 손잡이를 설치하되, 수평 손잡이는 양쪽에 모두 설치하여야 하며, 수직 손잡이는 한쪽에만 설치할 수 있다.

• 수평 손잡이는 바닥면으로부터 0.6m 이상, 0.7m 이하의 높이에 설치하되, 한쪽 손잡이는 변기 중심에서 0.4m 이내의 지점에 고정하여 설치하여야 하며, 다른 쪽 손잡이는 0.6m 내외의 길이로 회전식으로 설치하여야 한다. 이 경우, 손잡이 간의 간격은 0.7m 내외로 할 수 있다.

• 수직 손잡이의 길이는 0.9m 이상으로 하되, 손잡이의 제일 아랫부분이 바닥면으로부터 0.6m 내외의 높이에 오도록 벽에 고정하여 설치하여야 한다. 다만, 손잡이의 안전성 등 부득이한 사유로 벽에 설치하는 것이 곤란한 경우에는 바닥에 고정하여 설치하되, 손잡이의 아랫부분이 휠체어의 이동에 방해가 되지 아니하도록 하여야 한다.

• 장애인 등의 이용편의를 위하여 수평 손잡이와 수직 손잡이를 연결하여 설치할 수 있다. 이 경우 수직 손잡이의 제일 아랫부분의 높이는 연결되는 수평 손잡이의 높이로 한다.

• 화장실의 크기가 2×2m 이상인 경우에는 천장에 부착된 사다리 형태의 손잡이를 설치할 수 있다.

④ 기타 설비
  * 세정장치, 휴지걸이 등은 대변기에 앉은 상태에서 이용할 수 있는 위치에 설치하여야 한다.
  * 출입문에는 화장실 사용 여부를 시각적으로 알 수 있는 설비를 갖추어야 한다.
  * 공공업무시설, 병원, 문화 및 집회시설, 장애인복지시설, 휴게소 등은 대변기 칸막이 내부에 세면기와 샤워기를 설치할 수 있다. 이 경우 세면기는 변기의 앞쪽에 최소 규모로 설치하여 대변기 칸막이 내부에서 휠체어가 회전하는데 불편이 없도록 하여야 하며, 세면기에 연결된 샤워기를 설치하되 바닥으로부터 0.8m에서 1.2m 높이에 설치하여야 한다.
  * 화장실 내에서의 비상사태에 대비하여 비상용 벨은 대변기 가까운 곳에 바닥면으로부터 0.6m와 0.9m 사이의 높이에 설치하되, 바닥면으로부터 0.2m 내외의 높이에서도 이용이 가능하도록 하여야 한다.

3) 소변기 설치기준

① 구조
  소변기는 바닥 부착형으로 할 수 있다.

② 손잡이
  * 소변기의 양옆은 아래의 그림과 같이 수평 및 수직 손잡이를 설치하여야 한다.
  * 수평 손잡이의 높이는 바닥면으로부터 0.8m 이상, 0.9m 이하, 길이는 벽면으로부터 0.55m 내외, 좌우 손잡이의 간격은 0.6m 내외로 하여야 한다.
  * 수직 손잡이의 높이는 바닥면으로부터 1.1m 이상, 1.2m 이하, 돌출폭은 벽면으로부터 0.25m 내외로 하여야 하며, 하단부가 휠체어의 이동에 방해되지 아니하도록 하여야 한다.

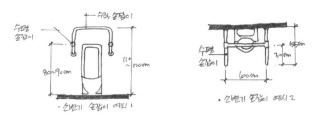

[그림 2-48 장애인용 소변기 설치기준]

4) 세면대 설치기준

① 구조

- 휠체어 사용자용 세면대의 상단 높이는 바닥면으로부터 0.85m, 하단높이는 0.65m 이상으로 하여야 한다.
- 세면대의 하부는 무릎 및 휠체어의 발판이 들어갈 수 있도록 하여야 한다.

② 손잡이 및 기타 설비

- 목발 사용자 등 보행 곤란자를 위하여 세면대의 양옆에는 수평손잡이를 설치할 수 있다.
- 수도꼭지는 냉·온수의 구분을 점자로 표시할 수 있다.
- 휠체어 사용자용 세면대의 거울은 좌측의 그림과 같이 세로길이 0.65m 이상, 하단높이는 바닥면으로부터 0.9m 내외로 설치할 수 있으며, 거울 상단 부분은 15° 정도 앞으로 경사지게 할 수 있다.

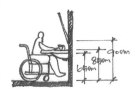

[그림 2-49 장애인용 세면대 설치기준]

[5] 복 도

(1) 복도의 의미와 역할

① 의미

- 복도는 보행을 원칙으로 하는 수평 이동 동선이다.
- 기능이 분화된 공간을 연결함과 동시에 각 공간을 분리하여 소요실의 독립성을 부여하는 접합공간이기도 하다.
- 또한 다양한 목적을 가지고 통행하는 사람의 심리적 공간으로서, 생활에 리듬을 주는 중요한 공간이다.
- 통로라는 역할과 함께 건축공간 전체의 연출, 질서상으로 큰 의미와 구실을 가지고 있다.

② 복도의 역할과 계획 논리

- 동일 공간 가운데 통행을 위주로 하는 공간을 한정하여 공간의 질서를 세우는 수법의 하나로 바닥 레벨 차나 가구에 의한 방법이 있다.

●문화 및 집회실에 설치하는

복도의 설치기준

① 바닥면적 300m² 미만 공연장의 개별 관람석의 바깥쪽에는 그 양쪽 및 뒤쪽에 각각 복도 설치
② 바닥면적 300m² 이상 하나의 층에 개별 관람석을 2개소 이상 연속하여 설치하는 경우에는 관람석 바깥쪽의 앞측과 뒤쪽에 각각 복도 설치

- 복도에 따라 수납 스페이스를 잡는 방법은 복도의 공간을 유효하게 살리는 수법으로 흔히 이용된다.
- 단순히 이동을 위한 복도가 아닌, 전시를 위한 회랑으로도 계획할 수 있다.
- 톱 라이트와 브리지와 조합하여 중복도를 구성하는 경우도 있다.

(2) 복도의 평면형식

① 복도의 평면형식

복도의 평면 형식에는 브리지, 편복도, 중복도, 클러스터 등이 있다.

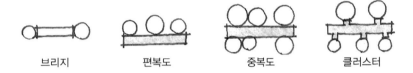

[그림 2-50 복도형식]

② 중복도의 형식

중복도 형식은 보행거리를 줄여 면적효율을 높일 수가 있기 때문에 병원 외에 사무실, 호텔 등에서 보통 많이 사용하고 있는 형식이다.

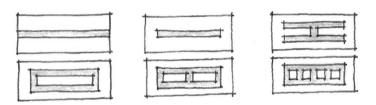

[그림 2-51 중복도 형식의 유형]

●복도의 유효폭

[그림 2-53 복도 유효폭]

(3) 장애인 등의 통행이 가능한 복도 및 통로기준

① 유효폭

복도의 유효폭은 1.2m 이상으로 하되, 복도의 양옆에 거실이 있는 경우에는 1.5m 이상으로 할 수 있다.

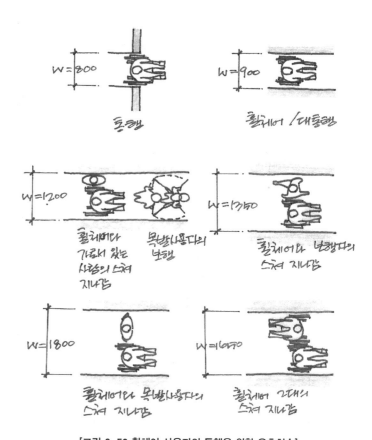

[그림 2-52 휠체어 사용자의 통행을 위한 유효치수]

② 바닥

- 복도의 바닥면에는 높이 차이를 두어서는 안 된다. 다만, 부득이한 사정으로 높이 차이를 두는 경우에는 경사로를 설치하여야 한다.
- 바닥표면은 미끄러지지 아니하는 재질로 평탄하게 마감하여야 하며, 넘어졌을 경우 가급적 충격이 적은 재료를 사용하여야 한다.

③ 손잡이

- 장애인 전용시설, 병원급 의료기관 및 노인복지시설의 복도 측면에는 손잡이를 연속하여 설치하여야 한다. 다만, 방화문 등의 설치로 손잡이를 연속하여 설치할 수 없는 경우에는 방화문 등의 설치에 소요되는 부분에 한하여 손잡이를 설치하지 아니할 수 있다.
- 손잡이의 높이는 아래 그림과 같이 바닥면으로부터 0.8m 이상 0.9m 이하로 하여야 하며, 2중으로 설치하는 경우에는 위쪽 손잡이는 0.85m 내외, 아래쪽 손잡이는 0.65m 내외로 하여야 한다.
- 손잡이의 지름은 아래 그림과 같이 3.2cm 이상 3.8cm 이하로 하여야 한다.
- 손잡이를 벽에 설치하는 경우 벽과 손잡이의 간격은 5cm 내외로 하여야 한다.
- 손잡이의 양끝부분 및 굴절부분에는 점자 표지판을 부착할 수 있다.

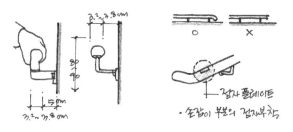

[그림 2-54 장애인 손잡이 설치기준]

(4) 장애인 등의 출입이 가능한 출입문 기준

① 유효폭 및 활동공간

- 출입구(문)은 오른쪽 그림과 같이 그 통과 유효폭을 0.9m 이상으로 하여야 하며, 출입구(문)의 전면 유효거리는 1.2m 이상으로 하며, 연속된 출입문의 경우 문의 개폐에 소요되는 공간은 유효거리에 포함되지 아니한다.

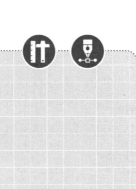

- 자동문이 아닌 경우에는 아래의 그림과 같이 출입문 옆에 0.6m 이상의 활동공간을 확보할 수 있다.
- 출입구의 바닥면에는 문턱이나 높이 차이를 두어서는 안 된다.

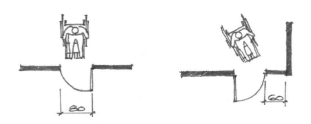

[그림 2-55 장애인 출입문의 유효폭]

② 문의 형태
- 출입문은 회전문을 제외한 다른 형태의 문을 설치하여야 한다.
- 미닫이문은 가벼운 재질로 하며, 턱이 있는 문지방이나 홈을 설치하여서는 아니된다.
- 여닫이문에 도어체크를 설치하는 경우에는 문이 닫히는 시간이 3초 이상 충분하게 확보되도록 하여야 한다.
- 자동문은 휠체어 사용자의 통행을 고려하여 문의 개방시간이 충분하게 확보되도록 설치하여야 하며, 개폐기의 작동장치는 가급적 감지 범위를 넓게 하여야 한다.

[6] 공조실 및 설비공간

(1) 공조실

① 공기조화란 건물 내부의 온·습도, 기류 및 청정도 등을 조절하여 실의 사용 목적에 알맞는 상태로 유지하는 것을 말한다.
② 공기조화는 거주 환경의 쾌적화 및 물품의 생산과 저장 그리고 환자 및 의료 활동을 위하여 반드시 필요한 설비시스템이다.
③ 외기에 면하여야 하며 급기와 배기를 위한 개구부를 설치하되 가급적 멀리 이격시킨다.
④ 외기에 면해야 하므로 위치를 쉽게 찾을 수 있어 코어설계시 실마리가 될 수 있다.
⑤ 적정 크기의 공조기가 설치되며 공조기는 상하 좌우로 벽과 60cm 정도 이격시켜 점검이 용이하도록 배치한다.

● **비상용 엘리베이터**

비상용 엘리베이터는 대피용
이 아니라 소방대 활동을 위
한 것임에 유의한다.

(2) 설비공간

① 배연설비

- 연기의 흐름을 충분히 파악하고 배연방식을 검토한다.
- 비상용 엘리베이터는 대피용이 아니라 소방대 활동을 위한 것임에 유의한다.

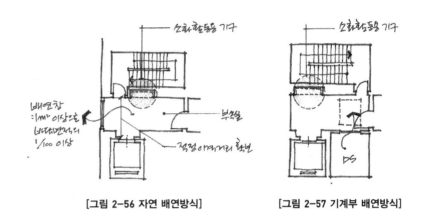

[그림 2-56 자연 배연방식]　　　[그림 2-57 기계부 배연방식]

- 1개의 특별 피난계단에서 기계배연과 자연배연을 혼용하지 않는다.

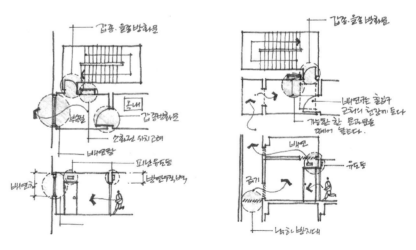

[그림 2-58 자연배연과 특별피난계단]　　　[그림 2-59 기계배연과 특별피난계단]

② ST(Smoke Tower)

- 특별피난 계단의 부속실과 비상용 승강기의 승강장에 설치되며 급기풍도와
  배연 풍도로 구성됨
- 급기풍도는 주변보다 높은 공기압을 유지시켜 주변의 공기가 유입되지 않
  도록 한다.

● **피난계단의 급기와 배연**

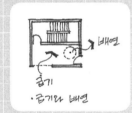

[그림 2-60 피난계단의
급기와 배연]

● **기타 공간**

코어요소 설치 후 잉여공간에 창고, 탕비실 등이 설치될 수 있다.

③ 위생설비

- PS(배관샤프트)
  - 공조용 PS는 공조실과 인접배치하며 점검구를 표현한다. 화장실용 PS 는 화장실과 인접배치한다.
  - 냉난방 배관, 오수관, 배수관, 통기관 등의 배관을 위한 수직 공간 일반적 Size는 300~600×900mm 정도
  - 점검구가 필요하며 복도 또는 화장실과 인접 배치

- DS(배기샤프트) : 화장실용과 정화조용 등이 있으며, 모두 화장실과 인접 하여 배치하며 통합하여 설치할 수 있다.
- AD(Air Duct)
  - 급·배기를 위한 수직 Duct로서 일종의 공기조화용 Shaft
  - 소규모 시설은 PS와 공용으로 사용하기도 한다.
  - 일반적 Size는 400~500×300~600mm 정도이며 화장실과 인접 배치

④ 전기설비

- EPS(전기배관 샤프트)
  - 강전과 약전으로 구분되며 각각 독립적으로 계획하거나 통합되어 계획 한다. 위치는 E/V와 인접하여 배치하며 점검구를 표현한다.
  - 동력용 전선, 전등용 전선, 전열용 전선, 통신용 케이블, BAS(자동 제 어용 케이블), HAS(홈 오토메이션 케이블) 등 배관용 Shaft
  - 일반적 Size는 1,500×1,500mm 이상이며 점검을 위한 양여닫이문을 설 치한다.
  - 효율적 배선을 위해 엘리베이터와 인접 배치
  - 1개소로 집중하기보다는 2개소 이상 분리 설치

⑤ 소방설비

- AV(알람밸브실) : 스프링클러 시스템에서 평소에는 소화용수를 공급하지 않고 있다가 화재 발생시 전기 신호에 의해 자동 개폐되는 밸브가 있는 실 은 반드시 실로 구획될 필요 없이 소화전 PD 내부에 설치할 수 있다.
- 소화용 PS : 옥내 소화전 및 스프링클러시스템에 공급될 소화용수가 지나 는 Pipe Shaft로 주로 복도에 인접하여 배치한다.

● 계단설계시 우선 고려사항

계단설계는 1차적으로 사용자의 편의성, 안전성, 피난시 최단의 보행경로 유지 및 장애인의 이용성 등을 고려하여야 하며 의장적인 면은 2차적인 고려 대상임을 알도록 한다.

● 계단설계

계단설계는 피난과 더불어 장애인 관련기준에 포커스를 두고 학습하도록 한다. 일반적으로 계단설계에서는 제시된 공간을 다소 여유 없이 주어질 경우가 많으므로 프로그램에서 주어진 치수를 적용하는 것이 좋다.

● 경사로계획

미국은 경사로(Ramp)계획이 별도 과목으로 출제되나 우리나라에서는 계단설계에 포함하여 출제된다.

06. 체크리스트

(1) 설계조건 및 논리의 적정성 여부

① 계단 및 경사로는 합리적·경제적으로 배치되었는가?

② 모든 레벨에서 진행 통로는 연속적이고 장애물이 없도록 계획되었는가?

③ 피난층으로의 진행 통로는 명쾌하고 단순한 동선을 확보하고 장애물이 없도록 계획되었는가?

④ 계단실에서 사용되지 않는 공간 발생시 반드시 필연적인가?

⑤ 피난시 혼란을 야기할 수 있는 지그재그형이나 계단참은 가능한 적게 계획되었는가?

(2) 계단계획의 적합성 여부

① 계단실의 모든 면은 안전난간 등으로 보호되었는가?

② 단높이와 단너비는 프로그램상의 최대 또는 최소의 요구 조건을 준수하였는가?

③ 단높이와 단너비는 주어진 조건을 벗어나지 않는 범위 내에서 일정한 치수를 유지하였는가?

④ 피난통로의 폭은 피난 진행의 방향으로 감소되지 않도록 계획하였는가?

⑤ 계단의 폭과 계단참의 크기는 프로그램의 요구사항을 준수하였는가?

⑥ 계단실의 천장높이(Headroom)는 프로그램에서 요구하는 조건을 만족하는가?

⑦ 문을 열 경우 프로그램에서 요구하는 계단참·폭의 절반 이상으로 계단참의 폭을 줄이지 않도록 계획하였는가?

⑧ 피난영역(장애인 안전지대)은 프로그램에서 요구하는 개수와 조건을 만족하도록 계획하였는가?

(3) 경사로 계획의 적합성 여부

① 경사로는 프로그램 경사도의 허용범위 안에서 적법하게 계획되었는가?
(일반적인 옥외 경사도는 1/18, 옥내 경사도는 1/12)

② 손잡이는 경사로의 시작과 끝부분에서 0.3m 이상 돌출되었는가?

③ 외부 경사로에서 손잡이는 경사로의 양쪽면에 연속적으로 설치되었는가?

④ 중간 계단참은 요구하는 필요 충분한 치수를 확보하였는가?

⑤ 프로그램에서 요구하는 경사로의 폭을 줄이는 장애물이 계획되지는 않았는가?
(예외 : 난간은 허용될 수 있다.)

⑥ 경사로의 시작, 굴절, 끝부분에는 1.5×1.5m의 휠체어 사용 장애자의 회전공간을 확보하였는가?

●코어설계의 접근

2003년 업무시설의 코어계획
이 출제되었으나 많은 수험자
들이 실무 경험 미숙으로 각
공간의 성격, 설치위치 등을
이해하지 못하여 당황한 사례
가 있다. 엘리베이터, AD, PD
등의 역할과 기능, 최소 치수,
설치위치 등을 정리하고 유사
사례를 채집하여 완벽하게 이
해한다.

(4) 코어 계획의 적합성 여부

① 프로그램에서 요구되는 수직이동 동선요소(계단, 엘리베이터, 화장실, 홀, 복도)와 설비요소(EPS, PD, AD, 공조실)는 적합하게 계획되었는가?

② 엘리베이터의 위치는 외래 방문자가 쉽게 인지할 수 있는 위치에 계획되었는가?

③ 엘리베이터 홀이 공간을 이동하는 통과 교통이 되지 않도록 계획하였는가?

④ 화장실은 남·녀를 구분하고 여성 사용자의 프라이버시를 고려하여 계획되었는가?

⑤ 휠체어 사용 장애인을 위한 장애인용 화장실은 적법하게 계획되었는가?

⑥ 복도의 폭은 복도와 연결되는 각 공간의 용도, 통행의 목적, 통행량, 통행상태 등에 따라 적절하게 계획되었는가?

⑦ 장애인용 복도 또는 피난복도 계획시 여닫이문이 복도 쪽으로 열리도록 함으로써 복도의 요구 폭이 줄어드는 불합리한 계획이 되지는 않았는가?

⑧ EPS(Electric Pipe Shaft)는 엘리베이터와 인접하여 계획되었으며 점검구는 적절하게 설치되었는가?

⑨ PD(Pipe Duct) 및 AD(Air Duct)는 복도 또는 화장실과 인접하여 계획되었으며 점검구는 적절하게 설치되었는가?

⑩ ST(Smoke Tower)는 특별피난계단의 부속실과 비상용 승강기의 전실에 설치하여 화재시 안전하도록 계획되었는가?

⑪ 프로그램 조건에 따라 공조실을 배치하고, 급기 및 환기와 공조용 덕트를 적절히 고려하였는가?

⑫ 시각장애인을 위한 점자 블록(보행 진행방향, 굴절 부분, 출구, 계단, 장애인용 승강기, 화장실의 전면 등)은 적합하게 계획되었는가?

(5) 답안작성의 체크사항

① 작도의 요구조건을 충족하였는가?

② 계획된 답안을 정확히 작도하였는가?

③ 계단참에 레벨은 올바르게 표현하였는가? (이 경우 Headroom 계산시 계단참의 슬래브 두께가 누락되지는 않았는가?)

④ 답안에 요구된 용어는 적절히 표현하였는가?

⑤ 각종 제한사항을 표기하였는가?

⑥ 하부층 평면도에서 가능한 한 상부의 계단선을 표현함으로써 시각적으로 명료한 도면 효과를 표현하였는가?

⑦ 상부층 평면도에서 보여지는 하부층의 계단 평면을 상부층과 동일한 톤으로 표현함으로써 시각적으로 혼돈을 일으킬 수 있는 여지는 없는가?

07. 사례

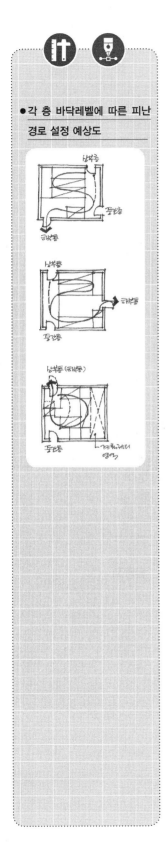

● 각 층 바닥레벨에 따른 피난
경로 설정 예상도

(1) 계단설계의 계획 예

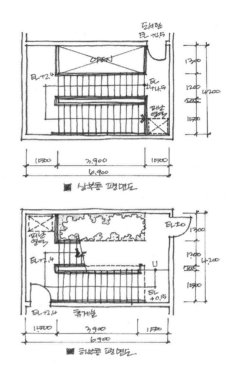

(2) 경사로설계의 계획 예(시험기준)

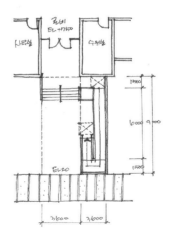

(3) 코어의 공간 구성 설계사례 이해

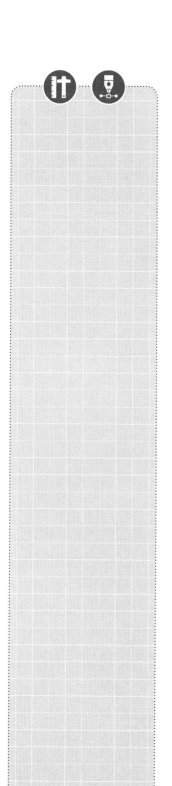

• 코어계획 사례 1

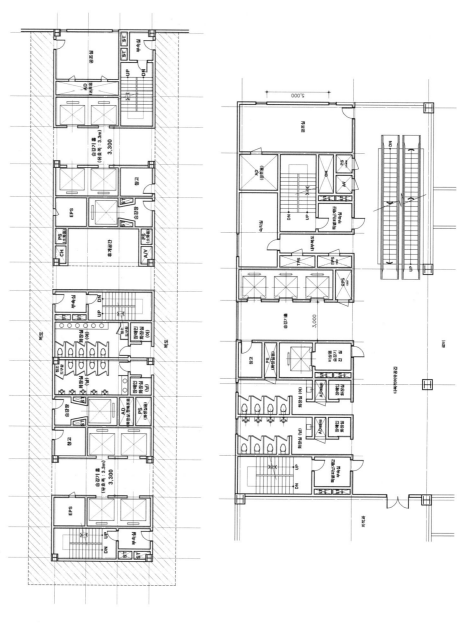

• 코어계획 사례 2

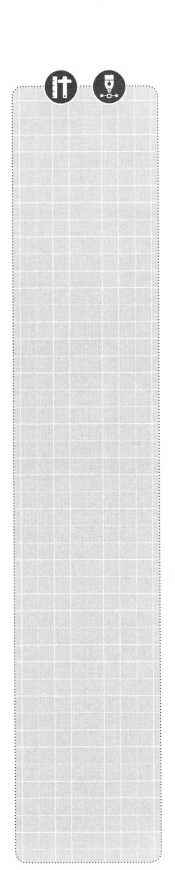

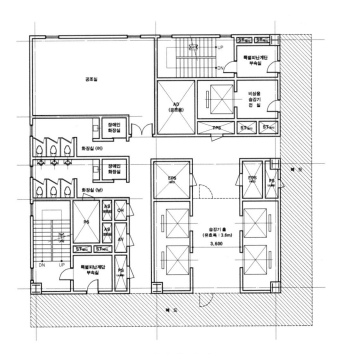

• 코어계획 사례 3

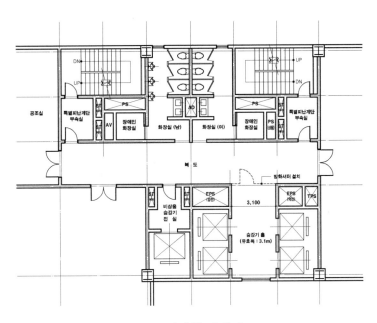

• 코어계획 사례 4

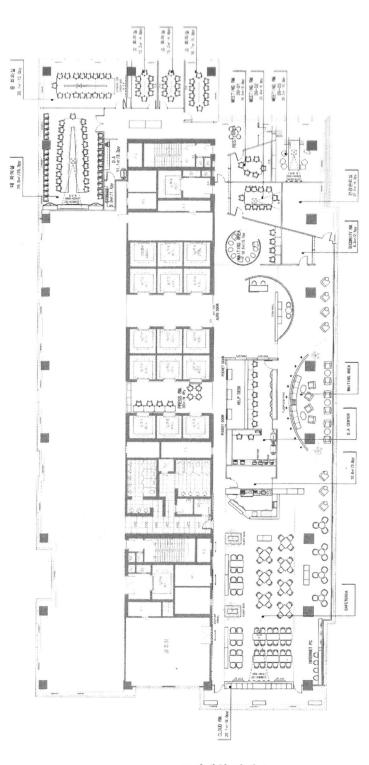

9층 평면도 / 9th floor plan

● 발췌

DETAILS 20호 NHN사옥
Details vol.20

• 코어계획 사례 5

(4) 계단형태의 사례

· 계단형태 1

· 계단형태 2

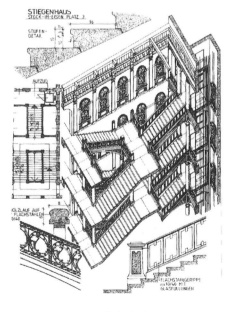

· 계단형태 3

· 계단형태 4

(5) 난간계획의 사례

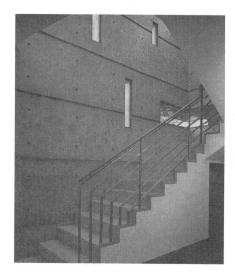

• 난간 사례 1

• 난간 사례 2

• 난간 사례 3

• 난간 사례 4

NOTE

③ 익힘문제 및 해설

01. 익힘문제

익힘문제 1.   계단 및 경사로의 설계

아래 홀의 출입구 A, B에서 외부출입구로의 피난동선을 계획하시오.
외부출입구에서 출입구 A까지는 계단 외에 추가로 경사로를 계획한다.

- 계단 : 폭-1,500mm 단높이-150mm 단너비-300mm
- 경사로 : 폭-1,500mm 기울기-1/12
- 경사로는 시작과 끝, 굴절부분에 휠체어의 회전영역을 1,500×1,500mm 규모로 계획하며, 모든 부분에서 난간표현은 생략한다.

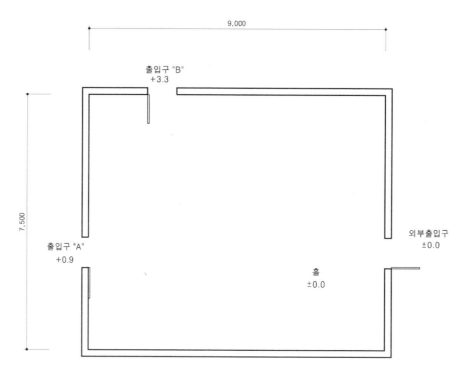

1층평면도
SCALE : 1/100

익힘문제 2.　업무시설 코어 설계

아래의 기준층 코어영역 안에 주어진 시설들을 배치하시오.

- 피난계단 : 2개소(각 18m²)
- 화장실 : 1개소(36m²) 남녀 구분하여 계획
- 승강기 : 2대(10m²)
- 승강기홀 : 20m²외부조망이 가능한 위치
- 방화셔터 설치
- EPS : 1개소(2.5m² 이상)

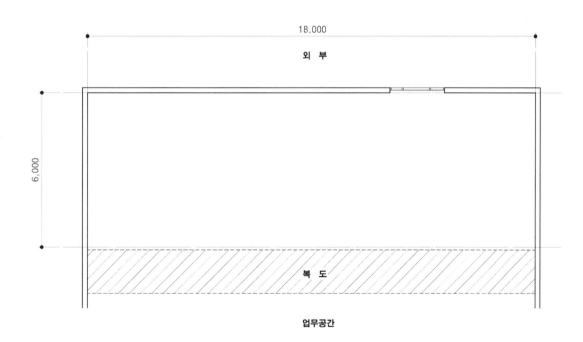

기준층 평면도
SCALE : 1/150

02. 답안 및 해설

답안 및 해설 1. 계단 및 경사로의 설계 답안

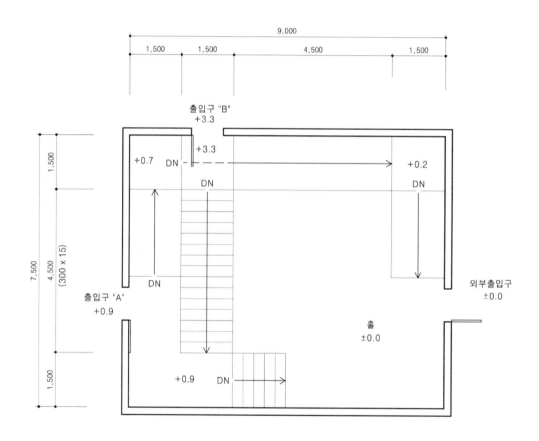

1층평면도
SCALE : 1/100

답안 및 해설 2. 업무시설 코어 설계 답안

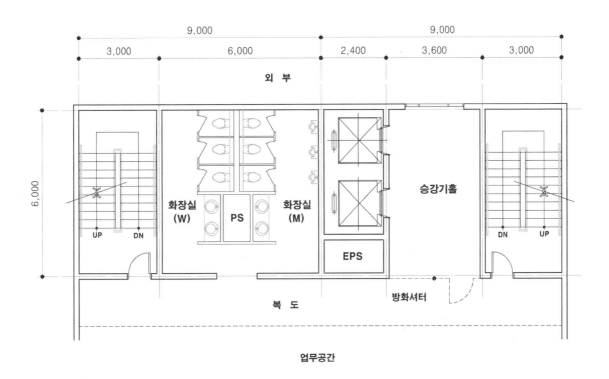

기준층 평면도

SCALE : 1/150

④ 문제 및 해설

01. 연습문제

연습문제 | **제목: OO 사옥 코어 설계**

1. 과제개요

제시된 도면은 OO 기업의 사옥 평면도이다. 합리적인 설비계획이 될 수 있도록 아래 사항을 고려하여 코어를 설계하시오.

2. 설계주안점

(1) 규모 : 지하 3층, 지상 15층

(2) 층고 : 4,200 mm

(3) 특별피난계단 : 2개소

　① 계단 및 계단참의 너비 : 1,400mm 이상

　② 부속실 : 5m² 이상

(4) 일반 승용승강기 : 16인승 4대

　① 승강기 홀의 너비 : 3,000mm 이상

　② 승강로(1대) 크기 : 2,500 × 2,500mm 이상

(5) 비상용승강기 : 16인승 1대

　① 승강장 : 6m² 이상

　② 승강로 크기 : 2,500 × 2,500mm 이상

(6) 화장실 : 남·여 구분하여 설치

　① 여자화장실 : 대변기3개, 세면기2개 이상

　② 남자화장실 : 대변기3개, 소변기3개 이상

　　　　　　　세면기2개 이상

　③ 장애인용 화장실

　　－ 크기 : 2,000×2,000mm 이상

　　－ 남·여 각 1개소 설치

(7) 공조실

　① 면적 : 16m² 이상

　② 공조기 크기 : 2,700×2,200×1,450mm

　③ 공조용 덕트와 근접 배치

(8) 필요 설비공간

용 도	요구면적	표기방법
화장실용 배관	3m² 이상	PS(화장실용)
화장실용 배기덕트	1m² 이상	AD(화장실용)
정화조용 배기덕트	1.5m² 이상	AD(정화조용)
공조용 배기덕트	7m² 이상	AD(공조용)
소화용 배관	1m² 이상	PS(소화용)
알람밸브실	1m² 이상	AV
전기용 배선(강전)	6m² 이상	EPS(강전)
전기용 배선(약전)	2m² 이상	EPS(약전)
굴뚝	0.8m² 이상	CH
배연설비용 급배기풍도 (특별피난계단 및 비상용승강기)	1m² 이상	ST(급기) ST(배기)

3. 계획시 고려사항

(1) 코어 계획시 1층 출입구 방향 및 동선 고려

(2) 승강기 출입문은 복도에 직접 면하지 않도록 배치

(3) 비상용 승강기 출입구와 소화용 배관 및 알람밸브실은 인접 배치

(4) 공조실에는 급기 및 배기 루버(폭 600mm)를 2m 이상 이격하여 설치

(5) 화장실은 프라이버시를 고려하여 계획하며 창문을 설치

(6) 필요시 내부복도(폭 1.5m)를 계획

4. 도면작성요령

(1) 각 실의 용도를 명기하고 도면작성은 표기방법에 따라 표현

(2) 모든 내벽두께는 마감 포함 200mm로 표기

(3) 외벽의 개구부는 임의 표현

(4) 단위 : mm

(5) 축척 : 1/200

(6) 재료는 표시하지 않음

5. 유의사항

(1) 모든 요구 면적은 벽체 내부 유효면적으로 한다.

(2) 도면 작성은 흑색연필로 한다.

(3) 명시되지 않은 사항은 관계 법령의 범위 안에서 임의로 한다.

〈기준층 평면현황도〉 축척 : 없음

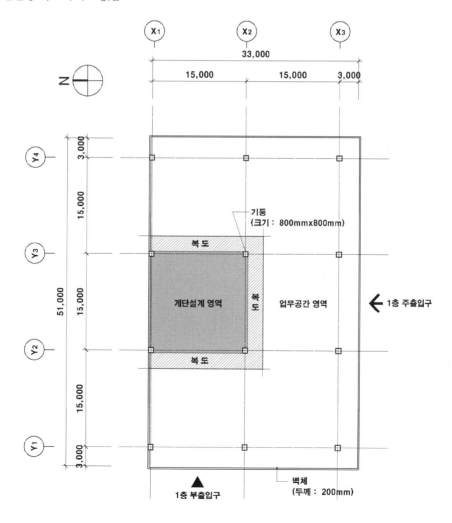

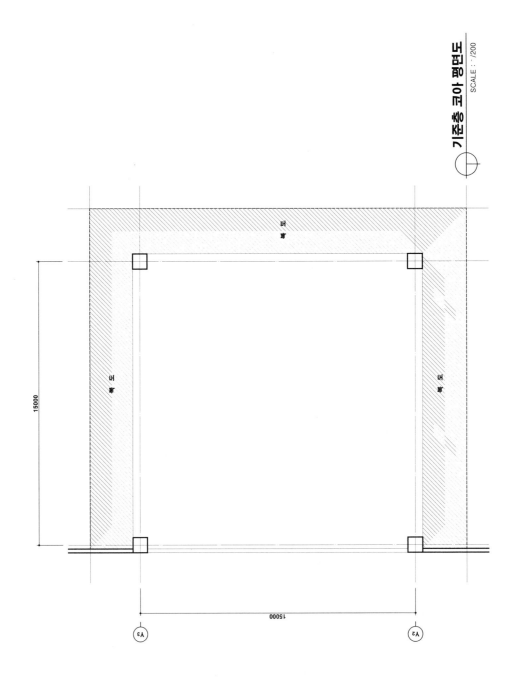

기준층 코아 평면도
SCALE : - /200

02. 답안 및 해설

답안 및 해설	제목: OO 사옥 코어 설계

(1) 문제지 정독
(2) 설계조건분석

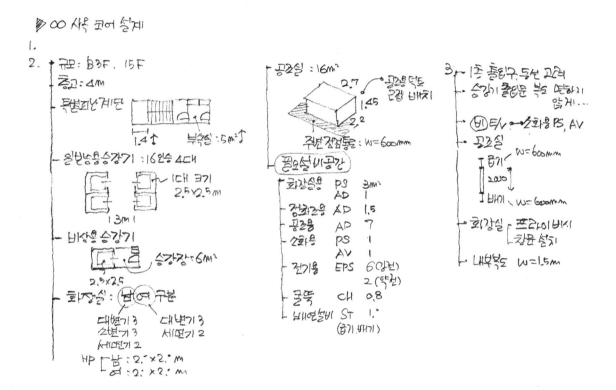

(3) 평면현황분석

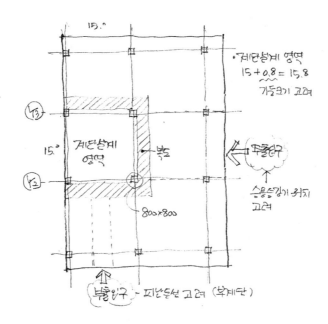

(4) 기능계획

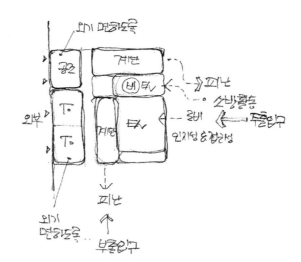

(5) 계단계획

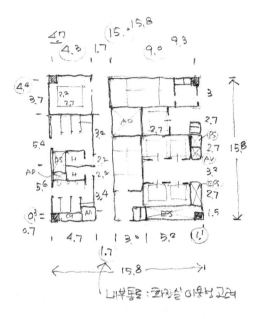

(6) 답안분석

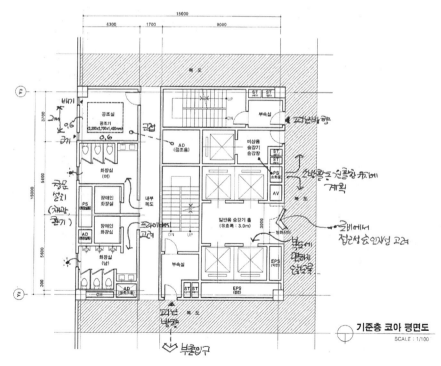

기준층 코아 평면도
SCALE : 1/100

(7) 답안분석

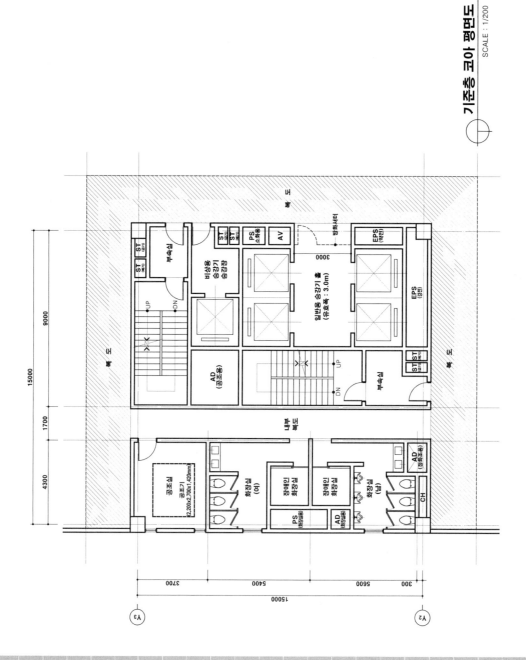

기준층 코아 평면도
SCALE : 1/200

NOTE

제3장

지붕설계

1. 개요
01 출제기준
02 유형분석

2. 이론
01 지붕의 이해
02 평면현황분석
03 경사지붕계획
04 평지붕 계획
05 체크리스트
06 사례

3. 익힘문제 및 해설
01 익힘문제
02 답안 및 해설

4. 연습문제 및 해설
01 연습문제
02 답안 및 해설

① 개요

01. 출제기준

◉ 과제 개요

지붕설계'과제는 제시조건에 의거 지붕 및 옥탑층 관련 도면을 작성하는 과제로서, 이를 통해 지붕 및 옥탑층 설계 능력을 평가한다.

◉ 주요 평가요소

① 우·배수 처리 및 지붕(옥상) 방수 계획 능력
② 각종 기계장비 등 옥탑(지붕) 설치 시설의 배치 능력
③ 지붕 하부 평면구성과 구조형태 등과 관계하여 재료를 사용하는 능력
④ 지붕의 형태와 형식, 지붕의 경사 등을 정확히 이해하고 표현하는 능력

◉ 주요제시조건

① 기준층 등의 평면 등
② 지붕의 물매, 벽면 채광창, 천창, 지붕 배수구 등
③ 계단실, 엘리베이터 기계실, 공조실, 냉각탑 등 옥탑(지붕) 설치 시설
④ 지붕의 형태와 형식
⑤ 주변 현황 및 기타

이 기준은 건축사자격시험의 문제출제 및 선정위원에게는 출제의 중심 내용과 방향을 반영하도록 권고·유도하고, 응시자에게는 출제유형을 사전에 파악하게 하기 위한 것입니다. 그러나 문제출제 및 선정위원에게 이 기준의 취지를 문자 그대로 반영하도록 강제할 수 없으므로, 응시자는 이 점을 참고하여 시험에 대비하시기 바랍니다.
– 건설교통부 건축기획팀(2006. 2)

02. 유형분석

1. 문제 출제유형(1)

✚ 제시조건을 고려한 단독주택 지붕의 평면도 및 단면도 작성

지붕 하부층의 평면을 제시하고 지붕의 경사도, 내부 실의 구성 관계 및 설비, 관련 법규와 주변 지역과의 조화 등의 조건을 합리적으로 해결하는 능력을 측정한다.

예. 지상 2층 단독주택 평면을 제시하고, 각 실의 상부를 덮는 지붕의 물매, 벽면 채광창, 천창, 지붕 배수, 기기설비 등의 조건을 만족하는 지붕의 평면을 계획한다.

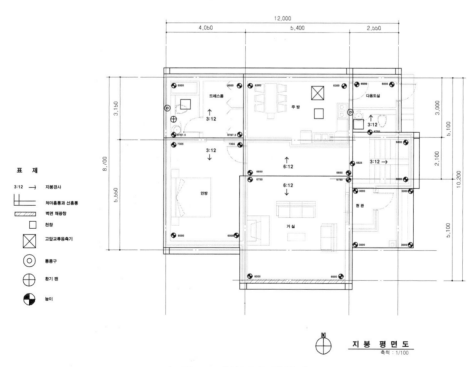

[그림 3-1 지붕설계 출제유형 1]

2. 문제 출제유형(2)

✚ 제시조건을 고려한 고층 건물의 옥탑층 평면계획

각종 기기와 배수를 위한 물매 등을 합리적으로 해결하면서 최상층 평면에도 적합하도록 고층 건물의 옥탑층을 계획하는 능력을 측정한다.

예. 기준층 평면과 함께 공조실, 냉각탑, 계단실, 엘리베이터 기계실, 곤돌라 레일, 바닥의 물매 등 옥탑층을 구성하는 요소와 지붕 배수를 위한 각종 조건을 만족하는 옥탑층 평면을 계획한다.

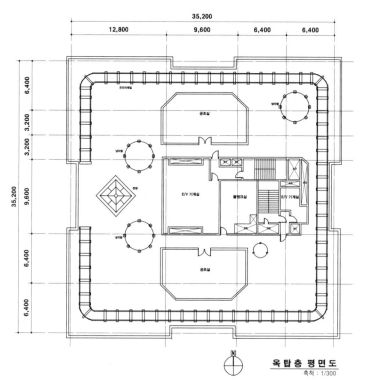

[그림 3-2 지붕설계 출제유형 2]

3. 문제 출제유형(3)

✚ **제시조건을 고려한 지붕평면도와 입면도(정면도 등) 작성**

평면과 지붕의 관계를 채광, 환기, 기타 설비와 관련하여 단면 또는 입면으로 구성하는 능력을 측정한다.

예. 각층 평면을 제시하고, 옥탑을 구성하는 요소, 입면 계획의 조건, 지붕 배수와 기기설비의 조건을 만족하는 지붕평면도와 정면도를 작성한다.

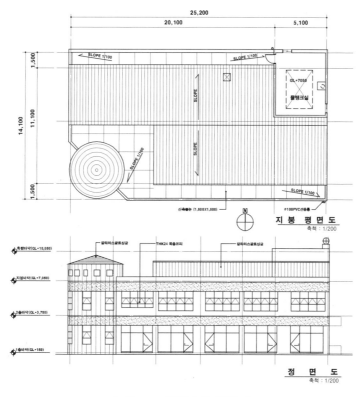

[그림 3-3 지붕설계 출제유형 3]

01. 지붕의 이해

1. 지붕의 정의

① 비·눈·이슬 등을 피하기 위하여 건물의 최상부에 설치하는 부재
② 벽체, 바닥과 더불어 건축공간을 구성하며 온도, 습도, 음향, 일광, 바람, 시선 등을 차단하는 역할을 한다.
③ 벽체보다 건물외부로 연장되어 벽, 창문, 문 등을 보호하는 기능을 하기도 한다.

2. 지붕설계의 의의

지붕설계는 외부적인 결정요인으로는 해당 지붕의 기후조건에 의한 지붕의 경사도, 내부적인 결정요인으로는 최소 천장고, 보높이, 설비공간 등에 의하여 지붕높이가 결정되며, 건축법 등에 의하여 최고 높이가 제약을 받는 등 다양한 요소에 의하여 결정되므로 충분한 데이터에 의하여 검토·분석되어야 한다.

지붕의 기본적인 기능 및 프로그램 요구조건에 충실한 형태에 대한 개념의 이해, 지붕에 설치될 수 있는 각종 설비요소에 대한 이해, 주어진 조건을 만족하는 지붕높이 산정의 적정성 등에 대하여 기술적인 해결 능력을 이해하도록 한다.

3. 지붕설계의 과정

지붕설계는 지붕 디자인의 기본 개념에 대한 이해도를 평가하는 건축설계의 한 분야이다. 높은 지붕이 포함된 하부 평면도와 프로그램이 제시되며 지붕경사의 방향과 높이를 표시하고 프로그램의 요구조건에 적합한 지붕설비와 시설물을 배치하여 지붕 평면도를 완성해야 한다.

02. 평면현황분석

1. 유형분석

(1) 경사지붕

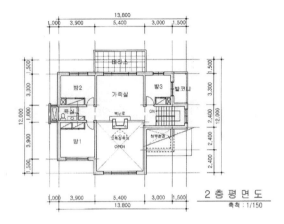

[그림 3-4 경사지붕 현황도]

① 소규모건물의 평면이 제시된다.
② 지붕의 형태, 처마 및 마루의 높이, 높은 지붕과 낮은 지붕의 관계, 설비요
　소, 지붕의 재료 등을 계획한다.

(2) 평지붕

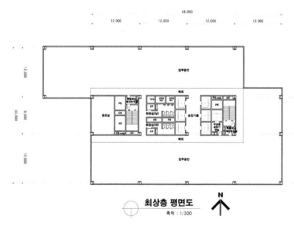

[그림 3-5 평지붕 현황도]

① 대규모 건물의 기준층 평면이 제시된다.
② 지붕층 및 옥탑층을 구성하는 요소들을 계획한다.

03. 경사지붕계획

1. 지붕의 이해

(1) 지붕설계요소

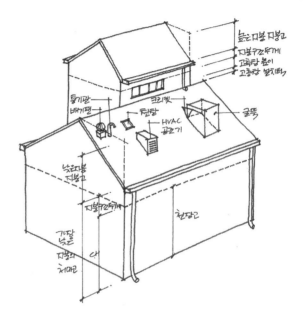

[그림 3-6 지붕설계 요소]

(2) 지붕 각 부분의 명칭

① 박공단(Verge)

박공지붕에서 처마와 지붕마루를 연결한 부분으로 측처마(Side Eave) 또는 윙(Wing)이라고도 한다.

② 박공벽(Gable)

박공지붕에서 양측면 처마와 지붕마루 사이에 형성되는 끝면 벽체의 삼각부분이다. 원래 박공단의 지붕 끝면에 설치하는 널(박공널)을 가리키지만 박공단과 같은 뜻으로, 또 이 부분의 지붕 아래에 드러나는 3각형의 벽면(박공벽(Gable Wall)상부)을 포함하여 이 부분 전체를 나타내는 용어로서도 쓰인다.

③ 지붕골(Valley)

지붕면 위에서 물이 모여 흐르는 부분을 말하며 지붕골은 한 지붕에서 여러 군데에 나타날 수 있으며, 지붕골은 물이 샐 위험이 많은 곳이므로 지붕 형상을 결정할 때에 신중히 고려하여야 한다. 즉, 방수계획, 내구성의 측면에서 충분한 대책을 강구하도록 한다. M자형 지붕골은 공장, 박물관, 미술관의 지붕 등에서 많이 볼 수 있는데 경사가 거의 없으므로 충분히 여유를 둔 배수계획을 생각해야 한다. 이러한 지붕골을 모임골(수평한 지붕골)이라고 한다.

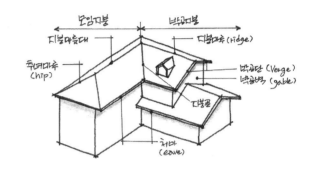

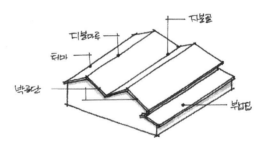

[그림 3-7 지붕의 형상과 명칭]

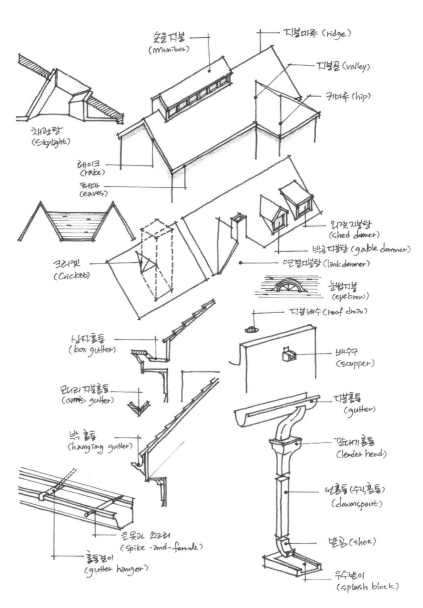

지붕마루 (ridge)

숫을지붕 (mansitor)

지붕골 (valley)

귀마루 (hip)

채광창 (skylight)

레이크 (rake)

처마 (eaves)

외쪽지붕창 (shed dormer)

박공지붕창 (gable dormer)

연결지붕창 (link dormer)

눈썹지붕 (eyebrow)

지붕배수 (roof drain)

배수구 (scupper)

지붕홈통 (gutter)

깔대기홈통 (leader head)

선홈통 (수직, 홈통) (downspout)

받침 (shoe)

우수받이 (splash block)

크리켓 (cricket)

상자흠통 (box gutter)

모서리지붕흠통 (miters gutter)

벽 흠통 (hanging gutter)

큰못과 외꼬리 (spike -and-ferrule)

흠통걸이 (gutter hanger)

[그림 3-8 지붕의 구성요소와 명칭]

2. 지붕계획 시 고려사항

(1) 지붕형태의 파악

① 요구된 지붕 종류에 맞는 형태를 찾는다.
② 지붕높이를 최대한 낮출 수 있는 형태로 계획한다.
③ 지붕선이 가급적 적게 나오도록 계획하며, 특히 누수위험이 있는 지붕골은 계획하지 않는다.
④ 지붕창이 요구된 경우 정확한 위치와 형태를 찾는다.

(2) 지붕의 형태

1) 지붕의 종류

① 외쪽지붕

지붕선이 가장 단순한 지붕으로 누수의 우려는 상대적으로 적지만 평면상 길어지는 경우 지붕고가 과도하게 높아질 우려가 있다.

[그림 3-9 외쪽지붕]

② 박공지붕 · 반박공지붕

지붕마루의 위치를 중앙에 두어 평면상의 길이를 짧게 함으로써 지붕고를 낮추는 효과가 있으며, 우수의 흐름을 양방향으로 처리할 수 있다.

[그림 3-10 박공지붕]

③ 모임지붕 · 네모지붕

지붕선이 많아짐으로써 누수의 우려가 상대적으로 있으나 의장적인 면에서 효과적인 수단으로 선택된다.

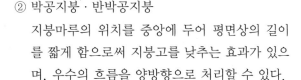

[그림 3-11 모임지붕]

④ 합각지붕

지붕선이 복잡하고 시공적으로 마무림 등에 있어서 복잡한 공정문제가 있으나 의장적 효과가 기대되며 한옥, 사찰 등 전통건축에 사용되는 지붕형식이다.

[그림 3-12 합각지붕]

⑤ 맨사드지붕, 꺾인지붕

상부의 공간을 확보할 수 있는 장점이 있는 지붕형식이다.

[그림 3-13 맨사드지붕]

⑥ M자형 지붕, 톱날지붕

　박물관, 미술관, 공장 등 면적이 큰 건축물의 지붕고가 과도하게 높아지는 것을 방지하며 특정 방위에서의 채광 등의 긍정적 효과가 있으나 지붕골이 많아지므로 누수의 우려가 크다.

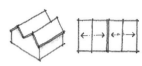

[그림 3-14 M자형 지붕]

⑦ 솟을지붕

　팔작지붕과 맞배지붕이 결합한 형태의 지붕으로 채광 및 환기에서 유리한 지붕형식이다.

[그림 3-15 솟을지붕]

⑧ 평지붕

　지붕면의 물매가 거의 없이 수평으로 된 지붕으로 주로 철근콘크리트 구조에 많으며, 형태상으로 가장 단순한 지붕형식으로 보행이 가능하다.

[그림 3-16 평지붕]

⑨ 기타 지붕

　• 눈썹지붕 : 지붕면이 한쪽은 넓고 다른 쪽은 좁게 된 지붕, 벽 또는 지붕 끝에 물린 좁은 지붕

　• 버터플라이 지붕 : 나비 날개와 같이 중심이 낮고 좌우가 높게 올라간 지붕으로 누수의 우려가 크다.

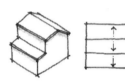

[그림 3-17 눈썹지붕]

[그림 3-18 버터플라이 지붕]

2) 지붕의 형태 변화

지붕의 변화는 경사지붕에서 동일한 경사도를 가지면서도 다양한 형태의 변화를 꾀할 수가 있다.

이런 경우의 적용은 예를 들어 주거단지에서 제각기 다른 평면과 형태 속에서 전체적으로 조화를 이루는 디자인 요소로 활용되며 동일한 경사도와 경사를 이루는 지붕의 형태만으로도 전체 단지의 조화를 가져올 수 있다.

● 꺾인지붕

●M자형 지붕, 톱날지붕

특정 방위에서의 채광 효과 등의 긍정적 효과로 공장, 박물관, 미술관 등의 지붕에 채용되나 지붕골에 의한 누수 우려 등의 부정적 효과로 방수에 대한 대책을 강구한다.

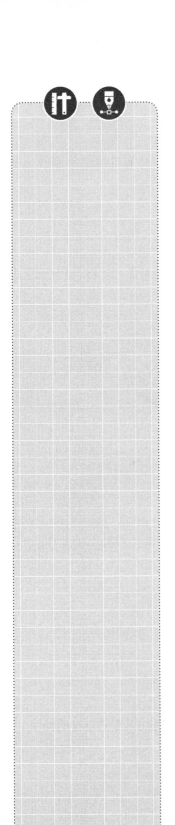

아래의 그림은 동일한 경사도에서 다양하게 형성할 수 있는 지붕의 여러 형태를 보여주고 있다.

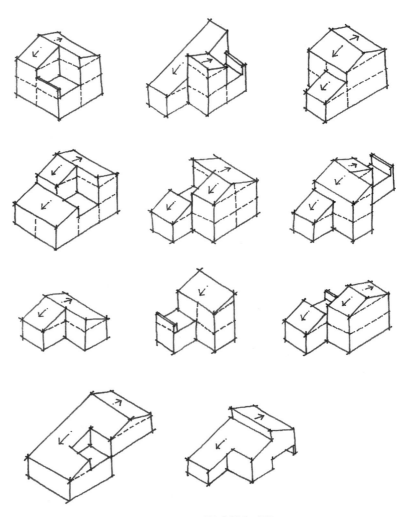

[그림 3-19 지붕의 형태 변화]

(3) 지붕의 경사

1) 경사지붕의 효용성

① 물 또는 눈이 고이지 않으므로, 지붕에 하중을 싣지 않기 때문에 하자가 덜 생긴다.

② 경사지붕은 다락 등의 상부 공간을 활용할 수 있으며, 미관을 증진시키는 효과가 있다.

③ 적당한 경사도 조절로 바람의 피해를 최소화 할 수 있다.

④ 지붕의 경사는 자연환기에 영향을 주는 중요 요소이다. 완만한 경사보다 급한 경사가 공기 흐름이 빠르고 환기도 잘 된다.

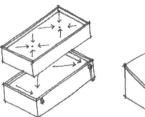

[그림 3-20 지붕의 효용성]

2) 지붕의 경사 표기

① 각도로 표기하는 방법

구미 여러 나라에서 쓰이고 있지만 우리나라의 건축도면에는 거의 사용하지 않는다.

② 수평거리와 수직거리의 비례로 표기하는 방법

우리나라에서 일반적으로 많이 사용하는 표현방법이다.

③ 수평거리와 수직거리의 비를 분수 형태로 표기하는 방법

④ 백분율로 표기하는 방법

⑤ "치"단위 물매로 표기하는 방법

• 우리나라의 전통건축에서 사용하던 표현방법이다.

• 수평길이 1자(尺)에 대하여 높이가 5치(寸)일 때를 5치 물매라고 한다.

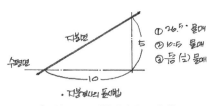

[그림 3-21 지붕경사의 표시법]

● 물매(경사도)

지붕의 낙수면(落水面)이 이루는 비탈진 경사도를 말하며 급한 경사도를 '물매가 싸다.'라 부르고 경사가 완만하면 '물매가 뜨다.'고 한다.

● 도면의 물매표시 원칙

① 지면의 배수 또는 바닥의 배수와 같이 물매가 작을 때는 분자를 1로 한 분수로 표시한다.

② 지붕의 물매처럼 비교적 큰 물매는 분모를 10으로 한 분수로 표시한다.

● 지붕경사와 지붕면적

3) 지붕 경사와 지붕 면적

① 경사가 급해질수록 지붕면적이 커진다.

② 지붕면적이 커지는 만큼 지붕 구성재료가 많아지고, 하중에 따른 구조의 부재 규격 등이 커지므로 건축비용이 증가한다.

③ 지붕재료에 따라 지붕의 경사도가 한정되어 있다.

④ 경사지붕 계획 시 평면과 입면의 형태에 의해서 지붕틀 구조가 복잡해지고 처마선이 달라지는 문제가 있다. 이러한 문제를 해결하기 위하여 처마선을 일정한 높이에서 형성하는 경우는 지붕의 물매가 달라진다든지 지붕의 선(지붕 마루, 지붕골 등)이 많이 나오게 되어 배수 처리상 어려움이 있을 수 있다. 따라서 지붕경사는 평면계획과 항상 연관지어 고려하여야 하며 전면창, 고측창 등의 설치 높이와 지붕의 경사가 고려된 창 하단부의 높이도 동시에 검토 · 계획되어야 한다.

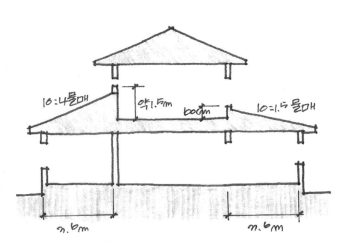

[그림 3-22 경사지붕계획]

● 경사지붕의 형태

의장적인 면이 아니고 지붕 배수와 공사비를 감안하면 ③을 최적안으로 받아들일 수 있으나 구조적 시공방법을 고려하면 ②가 가장 합리적인 대안이라 할 수 있다.

● 지붕의 구조

지붕 평면도만을 보면 ②보다 ③과 ④의 지붕 구조가 간단하다고 생각할 수 있다. 그러나 박공 측의 입면을 그려보면 바로 알 수 있듯이 평면의 어느 쪽이든 한쪽에서는 좌우 처마 높이가 다르기 때문에 처마도리에서 처마도리까지 지붕보가 수평으로 되어 있지 않다. 그러므로 프레임워크와 보의 걸침방법의 관계는 오히려 복잡하게 되어 버린다.

4) 경사지붕과 배수

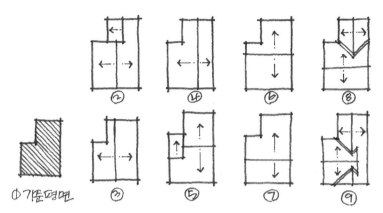

[그림 3-23 지붕형태에 따른 배수방향]

① 지붕이 계획되는 불규칙한 평면

② 가장 정통적인 옥상 배수로, 길이 방향으로 지붕마루를 설치하고 스팬의 치수에 따라서 지붕마루를 겹치지 않도록 지붕의 경사 형태를 구성하고 있으며 처마높이가 동일한 경사지붕이다.

③ 긴 쪽의 스팬 중앙을 기준으로 박공지붕을 형성하고 있다.

④ 짧은 쪽의 스팬 중앙을 기준으로 박공지붕을 형성하고 있다. 일반적으로 박공지붕의 박공벽은 좌우의 균형이 잡혀 있는 형상이 안정감이 있어 바람직하다. 외관상으로도 ③과 ④보다 ②가 더 합리적인 방법이라고 할 수 있다.

⑤ 전체 평면에서 짧은 스팬 방향 길이로 지붕마루를 설치하여 박공지붕을 형성한 사례이다. 구조적으로 약간 불합리한 옥상 배수라고 할 수 있다. 그러나 박공벽 외관에 웅대한 지붕의 선이 드러나기 때문에 의장면에서 채용되는 경우도 있다.

⑥ 전체 평면의 짧은 변을 활용한다는 측면을 제외하고는 ③의 구성방식과 동일하다. 즉, 양 측면에서 넓은 스팬의 중앙을 기준으로 박공지붕을 형성하고 있다.

⑦ 전체 평면의 짧은 변을 활용한다는 측면을 제외하고는 ④의 구성방식과 동일하다. 즉, 양 측면에서 짧은 스팬의 중앙을 기준으로 박공지붕을 형성하고 있다.

⑧ 지붕마루의 방향을 직교시킨 옥상 배수로, 이 경우는 반드시 지붕골이 생긴다.

⑨ ⑧의 구성방식과 같은 유형이며, 폭이 좁은 쪽의 지붕마루가 타고 넘는 형태로 된다. 지붕골은 비가 새기 쉬운 곳으로 가능한 한 형성되지 않는 것이 유리하나 방수 재료가 풍부한 오늘날에는 불가능한 것은 아니다. 다만, 안전성을 고려한 설계와 정성들인 시공이 이루어지는 것이 절대 조건이다.

(4) 지붕의 형태계획

1) 일반사항

① 지붕선이 많을수록 비용과 누수위험이 커지므로 가급적 지붕선을 적게 계획한다.

② 누수위험이 있는 수평의 지붕골은 계획하지 않는다.

[그림 3-24 꺾임 부분의 형태]

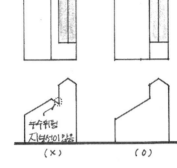

[그림 3-25 수평골]

2) 외쪽지붕

① 지붕이 한쪽으로 경사진 가장 단순한 형태의 경사 지붕으로 누수의 우려가 적다.

② 경사방향으로의 평면 길이가 길어지면 지붕높이가 과도하게 높아진다.

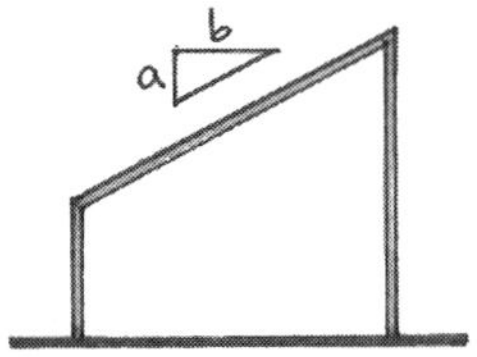

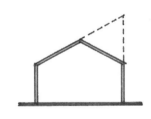

[그림 3-26 외쪽지붕]

3) 박공지붕

① 사각형의 평면에서 2면의 박공단과 2면의 처마를 갖는 형태

② 지붕마루가 중앙에 위치함으로써 경사방향으로의 평면길이가 짧아져 지붕높이를 낮출 수 있다.

③ 지붕높이를 최대한 낮추기 위해선 장방향으로 건물폭의 중앙에 지붕마루를 계획한다.

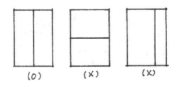

[그림 3-27 박공지붕]

[그림 3-28 박공지붕의 지붕마루 높이]

④ 경사도가 동일할 경우 지붕마루가 중앙에 있다면 처마높이가 같고, 지붕마루가 중앙에 있지 않다면 처마 높이가 다르다.

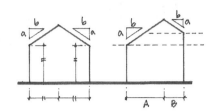

[그림 3-29 경사도, 지붕마루, 처마높이의 관계 1]

⑤ 양쪽의 처마높이가 같고 지붕마루가 중앙에 있지 않다면 양쪽 지붕의 경사도가 다르다.

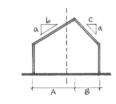

[그림 3-30 경사도, 지붕마루, 처마높이의 관계 2]

4) 모임지붕

① 지붕의 사방에 처마를 갖는 형태

② 처마의 높이는 모두 같다.

③ 꺾임 부분이 많을 경우 지붕선이 많아 누수의 우려가 크다.

④ 지붕마루의 위치와 길이에 따라 각 경사부분의 경사도가 같을 수도 있고, 다를 수도있다.

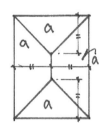
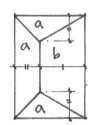
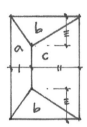

[그림 3-31 모임지붕의 형태]

⑤ 모임지붕 형태 찾기
- 매스의 굴절이 많은 경우 직사각형으로 구분한 뒤 큰 지붕부터 형태를 찾아나간다.(A→B→C)

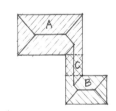

[그림 3-32 모임지붕의 형태 계획]

- 지붕의 모든 모서리 각의 이등분선을 그어 올린다. 모서리가 아닌 곳에서는 지붕선이 형성되지 않는다.
- 꼭짓점에서는 반드시 3개의 지붕선이 만난다.(정형인 경우 제외)

[그림 3-33 모임지붕의 지붕선]

● **반자높이(천장고)**

건축법상 일반 거실의 반자높
이는 2.1m 이상으로 규정되어
있으며 문화집회, 장례식장,
주점, 영업장 등으로 일정 면
적 이상 시 반자높이는 4.0m
이상으로 규정되어 있다.

● **지붕의 구성두께**

지붕구성두께는 구조요소와
설비요소를 포함한 두께를
말함

QUIZ 1.

● **지붕의 높이 찾기**

• 경사도=3/10
① 지붕마루 A=
② 처마 B=

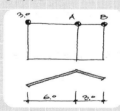

QUIZ 1. 답

① 지붕마루
  A=3.0+(6.0×3/10)=4.8
② 처마
  B=4.8-(3.0×3/10)=3.9

(5) 지붕의 높이 및 형태결정요소

1) 지붕 각부의 높이산정

① 처마높이를 산정한다.

  (처마높이=바닥높이+천장고+지붕구성두께)

② 주어진 경사도를 고려하여 지붕마루 및 지붕 각부의 높이를 산정한다.

  (주어진 평면상의 수평거리를 수직높이로 환산한다.)

③ 최소 천장고

  내부공간의 환기, 채광, 통풍 등을 만족시킬 수 있는 기준으로 건축법적으로
  최소기준이 제시된다.

④ 지붕구조 두께

  지붕을 구성하는 구조요소(보, 지붕재 등)와 설비요소(덕트, 조명 등)의 두께
  로 수직으로 측정된 수치이다.

2) 경사 지붕의 높이

① 처마 높이

  • 바닥 높이+천장고+지붕 구성 두께

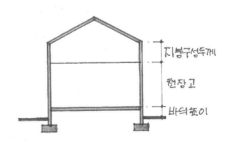

[그림 3-34 처마 높이]

② 지붕마루 높이

  • 주어진 경사도를 참조하여 높이를 구한다.

  • 10 : 5 = c : b

    ∴ b = 5c/10

    ∴ 지붕마루 높이 = $a + \dfrac{5c}{10}$

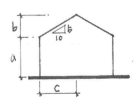

[그림 3-35 지붕마루 높이]

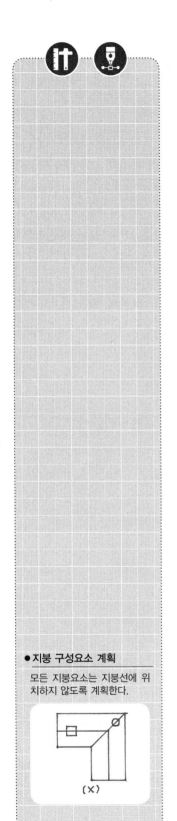

• 처마에서 수평거리가 멀수록 높이는 높아진다.

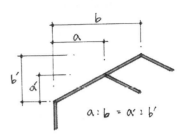

$$a:b = a':b'$$

[그림 3-36 처마높이 산정]

3. 지붕의 배수 및 방수

(1) 배수

1) 처마홈통(Gutter, Eaves Trough)

① 경사지붕의 우수를 받아내기 위한 홈통으로 경사지붕의 처마부분에는 반드시 설치되어야 한다.

② 처마홈통은 의장적인 요소로도 활용할 수 있으나 기본적인 기능은 지붕면의 배수를 위해 효과적으로 집수하여 선홈통으로 연결되도록 하는 것이다.

③ 모든 경사지붕의 하부에는 우수를 처리할 수 있는 처마홈통이 설치되어야 한다.

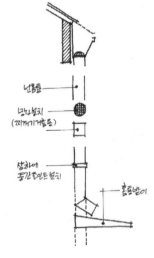

[그림 3-38 홈통의 구성요소]

[그림 3-37 달홈통의 형태]

④ 모든 처마부분에 설치한다.

• 박공지붕 : 박공단을 제외한 양쪽 처마에 설치하므로 선홈통 개수 산정 시 양쪽으로 나누어 각각 산정

• 모임지붕 : 사방에 설치하므로 선홈통의 개수 산정시 지붕 전체 면적을 기준으로 산정

〈박공지붕〉

〈모임지붕〉

[그림 3-39 처마홈통 위치]

[그림 3-40 높은 지붕의 처마홈통]

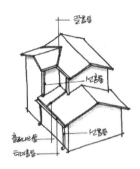

[그림 3-41 선홈통]

⑤ 높은 지붕의 처마에도 누락되지 않도록 주의한다.

2) 선홈통(Down Pipe, Leader)

① 처마 홈통의 우수를 낮은 지붕 또는 지반면에 내리기 위한 홈통이다.

② 선홈통과 처마홈통의 규격은 주어진 시간(대략10분)에 대지에 퍼붓는 소나기를 처리할 수 있는 수량과 지붕면적을 감안해서 계산한다.

③ 지붕면적에 의하여 선홈통의 수량을 산출하는 방법과 임의적으로 설치하도록 하는 방법 등이 있다.

④ 선홈통은 창문 또는 문 등을 피하여 설치한다.

⑤ 지붕면적과 홈통의 규격 및 수량은 아래의 표를 참조한다.

[표 3-1] 지붕면적과 홈통의 규격 및 수량

구분	단위	홈통의 규격 및 수량				
홈통부담 지붕면적 A	m²(평)	20(10)	50(20)	80(30)	120(60)	200(90)
관용지붕면적	m²(평)		45~90 (13~30)	80~120 (25~40)	120~150 (40~50)	150~250 (50~80)
처마홈통 지름D	cm(in)	9(3 1/2)	12(5)	15(6)	18(7)	20(8)
선홈통 지름 d	cm(in)	6(2 1/2)	9(3)	10(4)	12(5)	15(6)

⑥ 설치기준
- 개수로 주어짐
  예 8개 설치
- 간격으로 주어짐
  예 10m 이내마다 설치
- 면적(지붕의 수평투영면적)으로 주어짐
  예 20m²당 1개
    → 70m² ÷ 20=3.5
    ⇒ 4개 설치

(지붕전체수평투영면적)

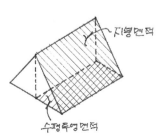

[그림 3-42 선홈통 설치기준]

● **선홈통 설치 개수**

선홈통 설치는 지붕면적에 의한 방법과 임의 설치 개수로 출제될 수 있다.
선홈통은 시간당 평균 처리능력을 고려하여 필요 개수를 산정하게 된다.

● **홈통의 치수**

① 지붕면적(A)에 대한 홈통 지름(d, D)의 약산식
A=1/2(d×D)(cm)
② 1시간 최고우량 100mm로 산출된 것임

⑦ 주의사항

• 문, 창호, Open 부분(캐노피, 피로티 하부)에는 설치 불가

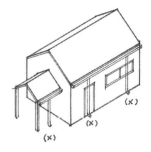

[그림 3-43 선홈통 설치 시 주의사항]

(2) 지붕의 방수

• 지붕공사에서 천창, 굴뚝, 배기 파이프 등 지붕을 관통하는 부위에 신경을 써야 하며 주위의 누수를 방지하기 위한 비흘림(후레싱) 시공에는 세심한 주의가 필요하다. 지붕면에서의 비아물림 재료와 처리에 대하여 정확한 이해를 하도록 한다.

• 천창, 굴뚝, 배기 파이프 등으로 지붕을 관통하는 부위의 누수와 경사 지붕과 높은 지붕의 벽체가 만나는 곳의 누수 방지를 위하여 후레싱 시공에 세심한 주의를 요한다.

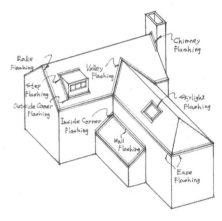

[그림 3-44 비흘림의 종류]

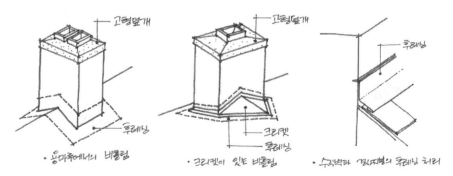

[그림 3-45 비흘림의 형태]

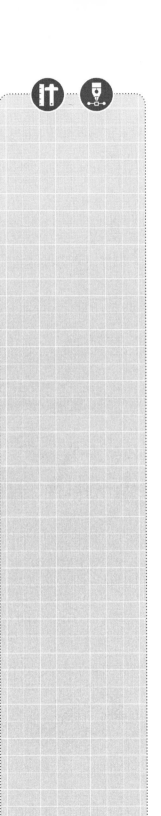

1) 비흘림(후레싱 ; Flashing)

① 완전한 구조체가 아닌 접합 구조물은 누수에 취약하다. 지붕과 벽체가 만나는 부위에는 반드시 설치한다. 벽 비흘림(Wall Flashing)과 골 비흘림(Valley Flashing)으로 구분할 수 있다.

② 요구되는 후레싱을 누락시키지 않고 그대로 반영한다.
- Wall Flashing : 수직벽과 경사지붕이 만나는 부위
- Valley Flashing : 지붕골(경사지붕끼리 만나서 생기는 골)에 설치
- Chimney Flashing : 굴뚝과 경사지붕이 만나는 부위에 설치

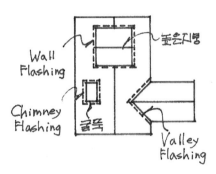

[그림 3-46 비흘림 계획]

③ 낮은 지붕 상부에 처마가 돌출된 경우 높은 지붕하부 벽면에 Wall Flashing을 주의하여 설치한다.

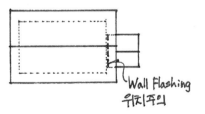

[그림 3-47 벽비흘림 계획 시 주의할 부분]

● 크리켓(Cricket)

배수의 흐름 방향을 돌릴 수 있는 작은 삼각지붕

● 설치 위치에 따른 창의 종류

창이 설치되는 위치에 따라 창의 종류를 나누면 측창, 천창, 고창, 경사창이 있다.

① 측창
측창은 수직창이라고도 하며 일반적인 벽면에 설치되는 창으로, 지면과 수직적인 위치에 있다. 일반적으로 창이라고 하면 측창을 말하는 경우가 많다. 창으로의 접근이나 창의 조작이 쉬우나, 채광효과는 천창, 고창, 경사창에 비해 떨어진다.
② 천창
천창은 천장에 창을 설치하는 방식으로, 창의 종류 중에서 가장 채광효과가 우수하므로 자연 채광이 중요시되는 미술관에서 흔히 채용된다.
③ 고창
고창은 벽의 상부에 설치하여 전망효과는 없으나 채광과 프라이버시 확보는 쉽다. 중세의 성당 건물에서 흔히 사용되어 신비한 분위기를 연출하던 창이고, 현대에는 프라이버시를 요하는 욕실이나, 외부의 전망이 좋지 않을 때 유용하게 쓸 수 있다. 천창과 고창은 벽의 상부에서 빛을 받으므로 다른 종류의 창보다 채광효과가 우수하고 교차환기(Cross Ventilation)에도 좋다.
④ 경사창
천창과 고창을 절충하여 만든 경사창은 채광효과는 두 창의 중간이고, 건물에서 흔히 쓰이지 않는 사선효과가 있으므로 디자인적으로 시선을 끄는 중요한 요소가 될 수 있다.

2) 크리켓(Cricket)

굴뚝과 같이 작은 수직 벽체는 비흘림(후레싱)과는 별도로 배수의 흐름방향을 돌릴 수 있는 작은 삼각지붕을 설치하며 이를 크리켓이라 한다.

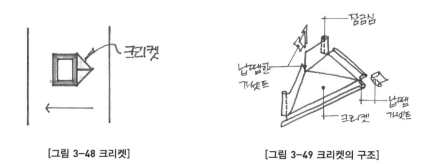

[그림 3-48 크리켓]　　　　　[그림 3-49 크리켓의 구조]

4. 창호계획

(1) 천창(Top Light, Sky Light)

① 창이 없는 무창실 등 어두운 공간에 채광을 위하여 지붕에 설치하는 창으로 수평 또는 지붕경사와 비슷한 정도로 계획한다.

② 미술관 박물관처럼 실이 너무 커서 벽의 창만으로는 채광이 불충분할 경우에 설치한다.

[그림 3-50 천창의 구조]

③ 측창보다 3배의 채광효과가 있다.

④ 누수와 결로에 주의하며 시공해야 한다.

⑤ 청소가 어렵고 여름철 직사광선을 막기 어려우며, 환기에도 도움이 되지 못한다.

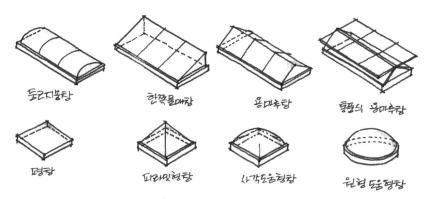

[그림 3-51 천창의 종류]

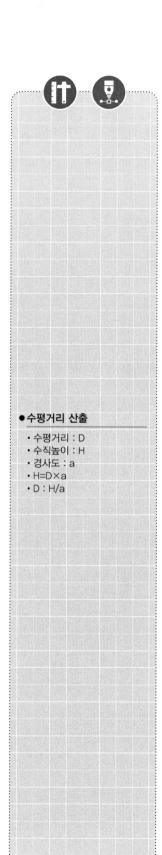

● 수평거리 산출

• 수평거리 : D
• 수직높이 : H
• 경사도 : a
• H=D×a
• D : H/a

(2) 지붕창

① 주로 경사 지붕의 주택에서 많이 사용되는 요소로 경사지붕의 하부공간을 원활하게 이용하기 위해 필요한 채광 및 환기를 위하여 설치한다.

② 지붕 속에 방을 만들거나 환기, 통풍, 채광을 위하여 경사지붕에 낸 창을 말한다.

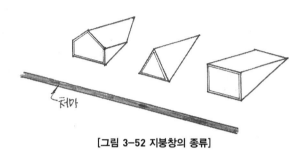

[그림 3-52 지붕창의 종류]

③ 먼저 정확한 위치를 결정한 뒤 지붕의 경사도를 고려하여 창의 수평거리와 수직높이를 정확히 산출한다.

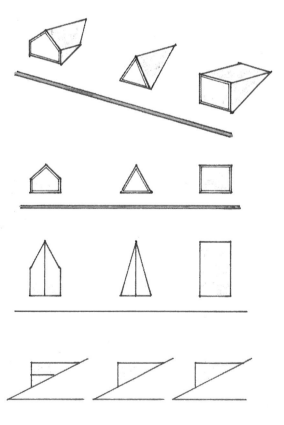

[그림 3-53 지붕창의 형태]

(3) 고측창

① 높은 천장고를 요구하는 경우 측벽의 상부에 채광을 위하여 설치하며 인접실의 지붕면을 고려하여 설치한다.

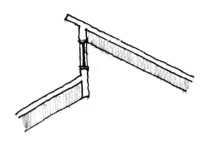

[그림 3-54 고측창의 구조]

② 높은 지붕측벽에서 채광을 위한 창으로 방수턱을 요구할 수도 있으며 설치방향에 유의한다.

③ 높은 지붕의 높이를 산정하는 기준이 된다.

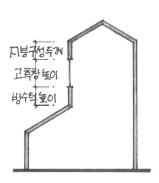

[그림 3-55 높은 지붕 높이 산정]

5. 지붕의 설비요소

지붕면에는 건축물이 그 기능을 효율적으로 발휘할 수 있도록 설치하는 기계적인 시설과 각종 이용장치가 배치된다.

즉, 급배수 통기관, 배기팬, HVAC 공조기 등의 요소가 지붕면에 구성되며 이 경우 이음매, 돌출에 따른 지붕면과의 접합부는 누수의 우려가 상존하므로 물이 침입하지 않도록 신중하게 설계하여야 한다.

(1) 급배수 통기관(신정 통기관)

① 배수관의 진공 작용과 피스톤 작용의 배제로 통기 목적 달성
② 목적 : 트랩의 봉수 보호, 배수관 내 흐름 원활, 배수관 내 환기, 배수관 내 청결 유지, 배수관 내의 일정 기압 유지
③ 모든 급·배수 설비 위생기구에 설치하는 것을 원칙으로 하며 남녀 화장실과 같이 2개의 공간이 내벽에 공유하여 설치하는 경우 통기관은 1개소로 충분하다.

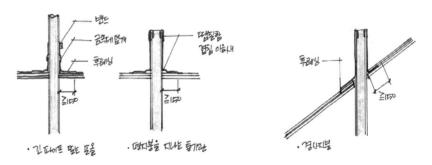

[그림 3-56 통기관의 구조]

④ 급수/배수가 일어나는 곳에 설치(화장실, 욕실, 주방, 탕비실 등)한다.
⑤ 벽 속에 매설되도록 배치한다.
⑥ 주어진 평면에 덕트가 있는 경우 덕트 안에 설치한다.

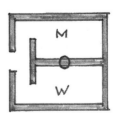

[그림 3-57 통기관 설치위치]

(2) 배기팬(환기팬)

① 화장실, 주방 등 냄새가 발생하는 실 또는 공간의 상부지붕에 설치한다.

② 주방은 주로 조리대 상부에, 화장실은 남녀 화장실 각각 또는 중앙에 1개를 설치한다.

③ 주어진 평면에 덕트가 있는 경우 덕트 안에 설치한다.

[그림 3-58 배기팬 설치위치]

[그림 3-59 배기팬의 사례]

(3) HVAC 공조기

① 공조설비(HVAC System ; Heating, Ventilating, and Air-Conditioning System), 냉난방설비, 환기설비 및 습도, 청정도 조절설비를 포함한 공기조화 설비를 말한다.

② 소음과 진동이 발생하기 때문에 거실의 용도를 갖는 실 상부의 지붕면에서 이격하여 설치한다. 따라서 소음이나 진동이 각 실에 직접적인 피해를 주지 않는 복도, 옷장 등의 상부의 위치에 계획하도록 한다.

③ 실내의 오염된 공기가 역유입될 우려가 있으므로 채광창(고측창, 지붕창)의 전면에 설치하지 않는다.

④ 지붕선으로부터 일정거리 이격시켜 배치한다.

● HVAC 공조기

① 소음진동 발생
　복도, 옷장 등의 상부에 설치
② 오염공기 역유입 우려
　고측창 등의 전면 설치 배제

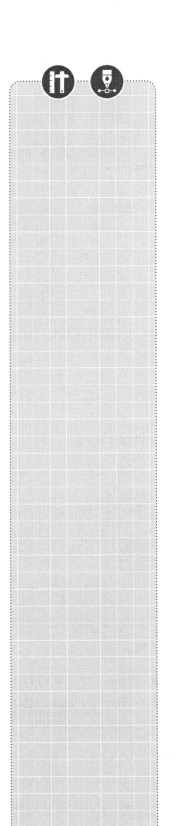

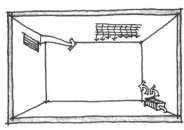

• 방 내부를 냉 난방 시키는
  훈훈덕긴 여러장치들

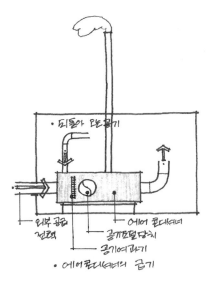

• 되돌아 만드러기

• 외부 공급
  전력
• 공기조절장치
• 공기여과기
• 에어콘데더의 급기

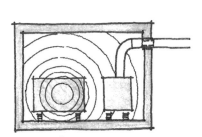

• 에어콘데더의
  소음과 진동을 차단할
  격결한 대책이 필요하다.

[그림 3-60 공조설비]

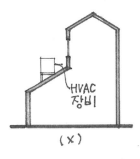

HVAC
장비
(×)

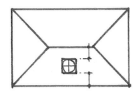

[그림 3-61 공조기 설치위치]

04. 평지붕 계획

(1) E · V 기계실

① E · V 상부에 E · V Shaft 면적보다 조금 더 크게 설치된다.

② 레벨을 고려하여 출입구를 계획한다.

(2) 계단실

옥상으로의 출입구를 계획한다.

(3) 물탱크실(고가수조실)

① 화장실의 상부에 설치한다.

② 고가수조는 규정상 모든 부분으로부터 점검을 위하여 60cm 이상 이격시켜야 하나, 상부는 여유있게 1m 정도 이격한다.

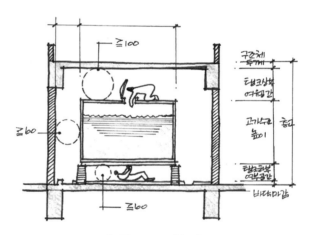

[그림 3-62 고가수조]

(4) 고가수조

① 수조탱크의 바깥면과 건물의 바닥, 벽 사이는 60cm 정도, 천장과의 사이는 60cm 이상으로 규정되어 있지만, 탱크 측면과 건물의 벽 사이는 60cm 정도, 탱크 상면과 천장면 사이는 100cm 정도의 거리를 유지하는 것이 바람직하다.

② 수조 상부에 물을 사용하는 곳(화장실 등)을 두어서는 안 된다.

(5) 냉각탑(Cooling Tower;평지붕 설비요소)

① 냉각탑은 냉각수와 공기를 접촉시켜, 냉각수가 갖고 있는 열의 일부를 대기 속에 방출하고 냉각수를 재순환시키는 장치이다.

② 보통 옥외에 설치되기 때문에, 주변의 공기 조건에 따라 능력, 내구성이 결정 되므로 설치장소를 선정할 경우에 주의해야 한다.

③ 먼지, 매연, 열풍, 부식성 가스가 많은 장소, 특히 굴뚝, 배기구 부근은 피하고, 통풍이 잘 되고, 냉각탑에 공기를 원활히 들여오며 배출할 수 있는 곳을 선정한다.

④ 냉각탑의 배기가 재순환되지 않도록 하고, 냉각탑에의 배관용 공간과, 조작, 관리, 점검, 청소를 용이하게 할 수 있는 공간을 충분히 확보한다.

⑤ 설치할 바닥의 강도를 검토하는 동시에 방음, 방진, 내진, 풍해 등에 대한 대책을 세운다.

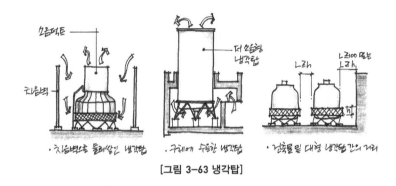

[그림 3-63 냉각탑]

⑥ 공기흡입에 지장없는 곳에 설치한다.

⑦ 토출되는 공기가 천장에 부딪혀 공기 흡입구에 재순환되지 않는 곳에 설치한다.

⑧ 기온이 낮고 통풍이 잘되는 곳에 설치한다.

⑨ 반향음이 발생되지 않으며 산성, 먼지, 매연 등의 발생이 적은 곳에 설치한다.

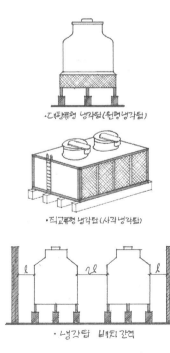

[그림 3-64 냉각탕 설치]

(6) 헬리포트(Heliport)

건축법상의 규정에 의하여 건축물에 설치하는 헬리포트는 다음 각 호의 기준에 적합하여야 한다.

① 헬리포트의 길이와 너비는 각각 22m 이상으로 할 것. 다만, 건축물의 옥상바닥의 길이와 너비가 각각 22m 이하인 경우에는 헬리포트의 길이와 너비를 각각 15m까지 감축할 수 있다.

② 헬리포트의 중심으로부터 반경 12m 이내에는 헬리콥터의 이·착륙에 장애가 되는 건축물, 공작물 또는 난간 등을 설치하지 아니할 것

③ 헬리포트의 주위 한계선은 백색으로 하되, 그 선의 너비는 38cm로 할 것

④ 헬리포트의 중앙부분에는 지름 8m의 "H"표지를 백색으로 하되, "H" 표지의 선의 너비는 38cm로, "O" 표지의 선의 너비는 60cm로 할 것

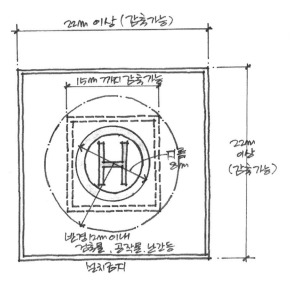

[그림 3-65 헬리포트의 구조]

(7) 피뢰설비

낙뢰의 우려가 있는 건축물 또는 높이 20m 이상의 건축물에는 다음의 기준에 의한 피뢰설비를 설치하여야 한다.

① 피뢰설비는 한국산업표준이 정하는 피뢰레벨 등급에 적합한 피뢰설비일 것. 다만, 위험물저장 및 처리시설에 설치한 피뢰설비는 한국산업표준이 정하는 피뢰시 스템레벨 II 이상이어야 한다.

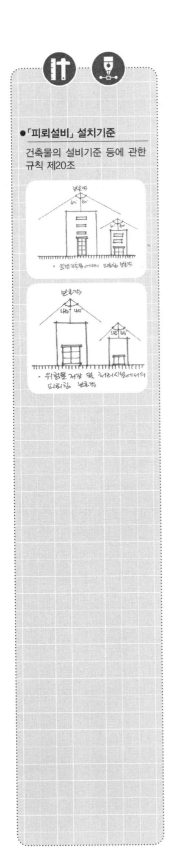

● 「피뢰설비」 설치기준

건축물의 설비기준 등에 관한
규칙 제20조

② 돌침은 건축물의 맨 윗부분으로부터 25cm 이상 돌출시켜 설치하되, 「건축물의 구조기준 등에 관한 규칙」 제9조에 따른 설계하중에 견딜 수 있는 구조일 것

③ 피뢰설비의 재료는 최소 단면적이 피복이 없는 동선을 기준으로 수뢰부, 인하도 선 및 접지극은 50mm²이상이거나 이와 동등 이상의 성능을 갖출 것

④ 피뢰설비의 인하도선을 대신하여 철골조의 철골구조물과 철근콘크리트조의 철근구조체 등을 사용하는 경우에는 전기적 연속성이 보장될 것. 이 경우 전기적 연속성이 있다고 판단되기 위하여는 건축물 금속 구조체의 최상단부와 지표레벨 사이의 전기저항이 0.2Ω 이하이어야 한다.

⑤ 측면 낙뢰를 방지하기 위하여 높이가 60m를 초과하는 건축물 등에는 지면에서 건축물 높이의 5분의 4가 되는 지점부터 최상단부분까지의 측면에 수뢰부를 설치하여야 하며, 지표레벨에서 최상단부의 높이가 150m를 초과하는 건축물은 120m 지점부터 최상단부분까지의 측면에 수뢰부를 설치할 것. 다만, 건축물의 외벽이 금속부재(部材)로 마감되고, 금속부재 상호 간에 제4호 후단에 적합한 전기적 연속성이 보장되며 피뢰시스템레벨 등급에 적합하게 설치하여 인하도선에 연결한 경우에는 측면 수뢰부가 설치된 것으로 본다.

⑥ 접지(接地)는 환경오염을 일으킬 수 있는 시공방법이나 화학 첨가물 등을 사용하지 아니할 것

⑦ 급수 · 급탕 · 난방 · 가스 등을 공급하기 위하여 건축물에 설치하는 금속배관 및 금속재 설비는 전위(電位)가 균등하게 이루어지도록 전기적으로 접속할 것

⑧ 전기설비의 접지계통과 건축물의 피뢰설비 및 통신설비 등의 접지극을 공용하는 통합접지공사를 하는 경우에는 낙뢰 등으로 인한 과전압으로부터 전기설비 등을 보호하기 위하여 한국산업표준에 적합한 서지보호장치(SPD)를 설치할 것

⑨ 그 밖에 피뢰설비와 관련된 사항은 한국산업표준에 적합하게 설치할 것

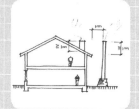

● 건축물에 설치하는 굴뚝

건축물의 피난 · 방화 구조 등의 기준에 관한 규칙 제20조

(8) 굴 뚝

건축물에 설치하는 굴뚝은 다음의 국토교통부령이 정하는 기준에 적합하게 설치하여야 한다.

[표 3-2] 굴뚝의 설치기준

분류	굴뚝의 부분	방화제한	예외
일반 굴뚝	굴뚝의 옥상 돌출부	지붕면으로부터의 수직거리를 1m 이상으로 할 것	용마루, 계단탑, 옥탑 등이 있는 건축물에 있어서 굴뚝의 주위에 연기의 배출을 방해하는 장애물이 있는 경우에는 그 굴뚝의 상단이 용마루, 계단탑, 옥탑 등보다 높게 할 것
	굴뚝상단으로부터의 수평거리 1m 이내에 다른 건축물이 있는 경우	굴뚝의 높이는 그 건축물의 처마로부터 1m 이상 높게 할 것	-
금속제 굴뚝	지붕 속, 반자 위 및 가장 아래 바닥 밑에 있는 부분	금속외의 불연재료로 덮을것	-
	목재, 기타 가연 재료로부터의 이격	15cm 이상 떨어져서 설치할 것	두께 10cm 이상인 금속 외의 불연 재료로 덮은 경우

(9) 곤돌라

전용의 승강장치에 달린 로프 또는 달기 강선에 달기발판이나 작업대를 부착하여 화물이나 작업자를 상하로 운반하는 설비장치이다.

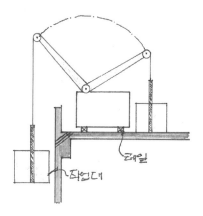

[그림 3-66 곤돌라 설치]

(10) 신축줄눈(Expantion Joint, 신축이음)

① 옥상바닥에 무근 콘크리트가 타설된 경우 신축줄눈의 간격을 3~4.5m 정도로 계획한다.

② 콘크리트는 온도변화에 따라 수축, 팽창을 하는데 이때 균열이 발생하게 된다. 수축 건조에 의한 균열을 방지하기 위하여 신축줄눈을 설치한다.

(11) 루프드레인(Roof Drain)

옥상 바닥의 우수를 배수시키기 위한 설비요소로 주로 주철재를 사용한다.

(배수를 위한 구배를 확보)

05. 체크리스트

● **지붕설계의 주안점**

지붕설계는 배수와 방수설비에 주안점을 두고 접근할 수 있다. 상기 요소에 문제가 될 소지에 대한 체크리스트가 필요하다.

(1) 설계 조건

① 주어진 일반조건과 특수조건은 충분히 고려하였는가?

② 의장적 요인이 아니라면 지붕형태는 가능한 단순화하였는가?

③ 요구된 지붕형태를 만족하였는가?

④ 방위, 축척의 오류로 잘못된 계획이 되지는 않았는가?

(2) 지붕 경사 조건

① 지붕의 경사방향은 올바른 방향으로 계획하였는가?

② 지붕물매는 허용된 범위를 초과하지는 않았는가?

③ 높은 지붕과 낮은 지붕의 물매가 바뀌지는 않았는가?

(3) 방수 및 배수

① 경사지붕과 수직벽(높은 지붕벽체와 낮은 경사지붕)이 만나는 부위에는 방수처리(Flashing)가 되었는가?

② 경사지붕과 굴뚝 부위에는 크리켓(Cricket;작은 삼각지붕)이 계획되었는가?

③ 지붕의 처마 끝에는 처마홈통이 계획되어 있으며 선홈통의 요구 수량은 적합한가?

④ 높은 경사지붕 → 처마홈통 → 선홈통 → 낮은 경사지붕 → 처마홈통 → 선홈통의 배수 시스템을 준수하고 있는가?

⑤ 불필요한 지붕 배수골이 만들어지지는 않았는가?

⑥ 선홈통이 창문이 있는 위치에 설치되지는 않았는가?

(4) 지붕 설비 및 시설물

① 무창실에 천창(Top Light, Sky Light)은 설치되었는가?

② 고측창의 위치, 방위, 레벨 등은 요구조건에 적합한가?

③ HVAC 공조기는 고측창 등의 채광창을 피해서 계획되었는가?

④ HVAC 공조기는 비교적 소음에 무관한 실 상부에 계획하였는가?

⑤ 냄새 발생이 우려되는 실의 상부에 배기팬은 설치되었는가?

⑥ 급·배수 설비가 요구되는 실의 상부에 급·배수 통기관은 계획하였는가?

⑦ 냉각탑은 통풍이 잘되고 공기를 원활히 들여오며 배출할 수 있는 곳을 선정하였는가?

⑧ 공조기 주변에는 여유공간을 충분히 확보하였는가?

06. 사례

[박공지붕의 계획사례]

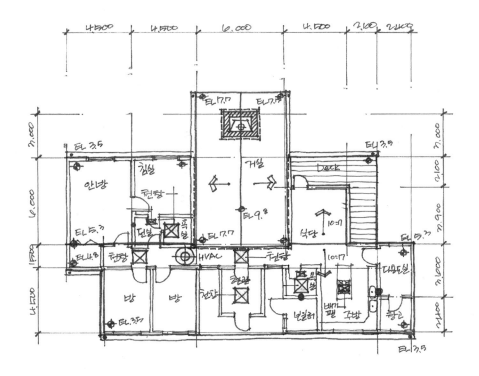

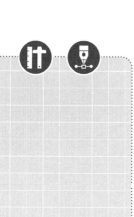

[박공지붕 : 경사도의 변화]

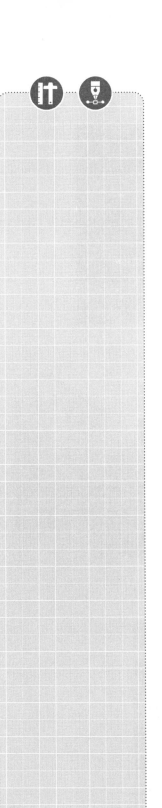

[한옥의 처마선]

[천창]

[지붕창]

[고측창]

[처마홈통, 선홈통]

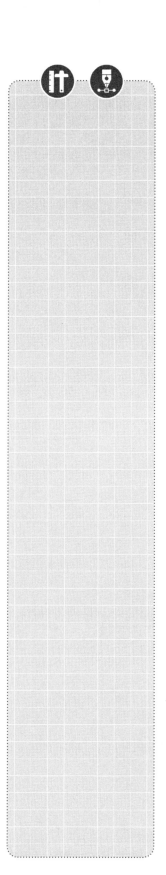

[배기팬]

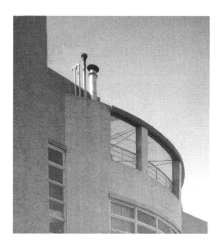

[굴뚝]

[냉각탑]

③ 익힘문제 및 해설

01. 익힘문제

익힘문제 1. 모임지붕의 형태 찾기

아래 건물의 정확한 지붕형태를 찾고 각 부의 높이를 산정하시오.

- 지붕형태는 모임지붕이며, 물매(경사도)는 10 : 3(수평 : 수직)이다.
- 처마높이는 3.0m이다.(SCALE : 1/200)

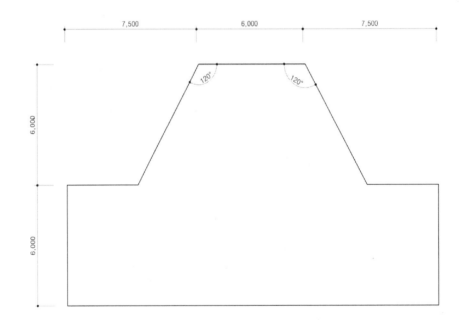

익힘문제2. 처마홈통 및 선홈통의 계획 답안

아래 그림의 형태를 갖는 지붕에 우수가 원활히 배수될 수 있도록 처마홈통 및 선홈통을 계획하시오.

- 선홈통은 지붕면적 25m²당 1개를 설치하도록 한다.(SCALE : 1/200)
- 처마홈통 및 선홈통의 표현

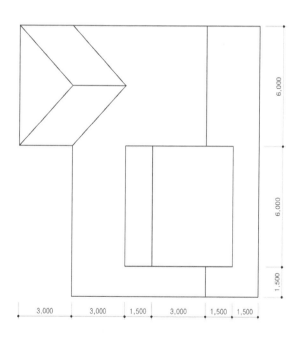

02. 답안 및 해설

답안 및 해설 1. 모임지붕의 형태 찾기 답안

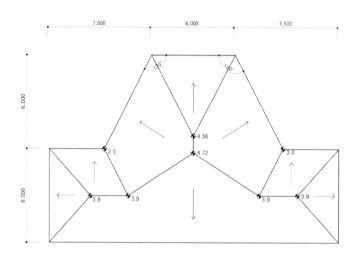

⊙ **계획프로세스**

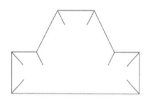
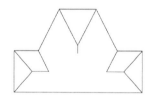
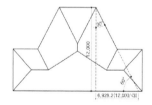

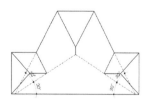
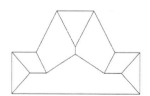
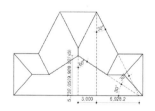

답안 및 해설 2. 처마홈통 및 선홈통의 계획 답안

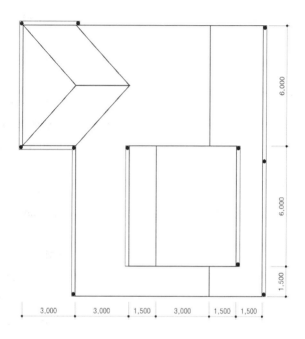

⊙ 계획프로세스

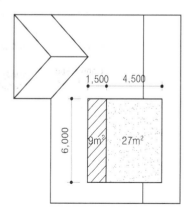

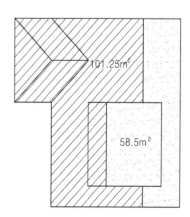

④ 문제 및 해설

01. 연습문제

연습문제 제목: 북카페 지붕설계

1. 과제 개요
제시된 도면은 북카페의 1층 평면도이다. 아래의 사항을 고려하여 합리적이고 경제적인 지붕 평면도를 작성하시오.

2. 건축 개요
(1) 규모 : 지상 1층
(2) 지붕 형태 및 경사도
  ① 모임지붕 : 물매 10 : 5 (수평 : 수직)– 북카페, 테라스, 주방, 전시 겸용 홀
  ② 박공지붕 : 물매 10 : 5 (수평 : 수직)– 기타
(3) 반자높이 및 지붕구성두께
  ① 최소 천장고
    – 북카페, 테라스, 주방, 전시 겸용 홀 : 4,200mm
    – 사무실, 로비: 4,500mm
  ② 지붕구성두께 : 600mm
  ※ 처마높이는 각실의 최소 천장고를 고려
(4) 벽체 두께 : 200mm

3. 설계 조건
(1) 지붕형태 계획시 누수위험이 있는 수평 지붕골은 발생하지 않도록 한다.
(2) 북카페 상부에는 남향의 지붕창을 각 2개소 계획하며, 형태 및 크기는 〈보기〉를 참조한다.
(3) 지붕배수 및 방수는 다음을 고려한다.
  ① 지붕의 처마홈통과 선홈통은 생략한다.
  ② 골 비흘림(Vally Flashing)과 벽 비흘림(Wall Flashing)을 계획한다.

(4) 지붕마감은 기와가락 동판잇기로 하며 간격은 300mm로 한다.

4. 도면 작성
(1) 지붕의 형태선은 굵은 실선으로 표현하며 각각의 경사방향과 경사도를 표기한다.
(2) 지붕 각 부분 높이, 지붕창, 지붕경사도, 골 비흘림, 벽 비흘림 등 보기에 제시된 사항을 표시한다.
(3) 축척 : 1/200
(4) 치수단위 : mm

5. 유의 사항
(1) 제도는 반드시 흑색연필로 한다.
(2) 제시되지 않은 사항은 현행 관계 법령의 범위 안에서 임의로 한다.

보기	내용
10 : 5 →	지붕 경사
- - - - - - - - -	벽 비흘림 (Wall Flashing)
▨	골 비흘림 (Valley Flashing)
◈ +8,000	지붕 높이
1,500 1,500 / 600 800 처마선	지붕창 입면도 2 : 북카페 상부에 계획

〈1층 평면도〉축척 없음

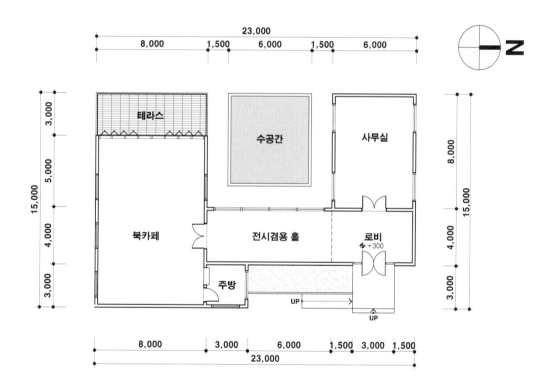

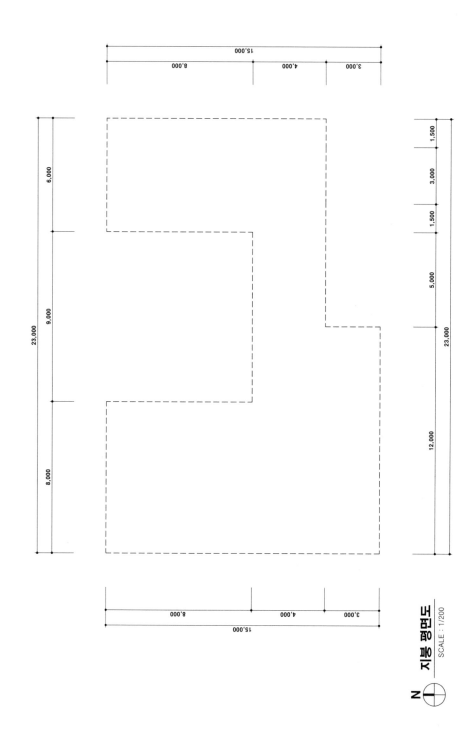

지붕 평면도
SCALE : 1/200

N

02. 답안 및 해설

답안 및 해설 | 제목: 북카페 지붕설계

(1) 설계조건분석

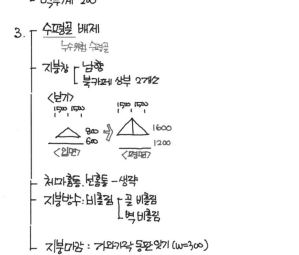

▶ 북카페 지붕설계

1. 합리적, 경제적 지붕설계

2. ┌ 지상1층
   ├ 모임지붕 (등) : 북카페, 테라스, 주방, 전시겸용홀
   ├ 박공지붕 (등) : 기타
   ├ CH ┌ 4200 : 북카페, 테라스, 주방, 전시겸용홀
   │   └ 4500 : 사무실, 준비
   ├ 지붕구성두께 600
   └ 벽두께 200

3. ┌ 수평골 배제
   │   누수위험 수평골
   ├ 지붕창 ┌ 남향
   │   └ 북카페 상부 2개소
   │   〈높이〉
   │   1500 1500   1500 1500
   │   800   1600
   │   600   1200
   │   〈입면〉   〈평면〉
   ├ 처마흘뚝, 빈흘뚝 - 생략
   ├ 지붕방수 : 비흘림 ┌ 골 비흘림
   │   └ 벽 비흘림
   └ 지붕마감 : 거와기와 둥판 앗기 (w=300)

4. 도면작성
   ┌ 지붕형태 - 굵은실선, 경사방향, 경사도
   ├ 보기 : 지붕 각 부분높이, 경사도, 골 비흘림, 벽 비흘림 등
   └ S : 1/100, 치수 (mm)

(2) 평면현황분석

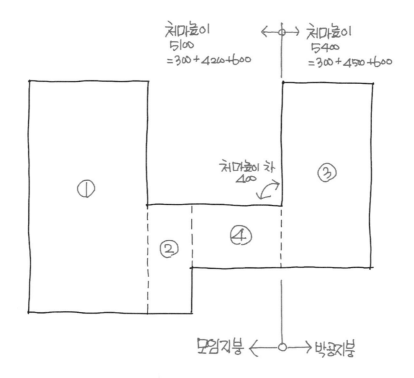

처마높이
5100
=300+4200+600

← ↓ → 처마높이
5400
=300+4500+600

①

③

처마높이 차
400

②

④

모임지붕 ← ○ → 박공지붕

(3) 지붕계획

① 지붕형태 계획

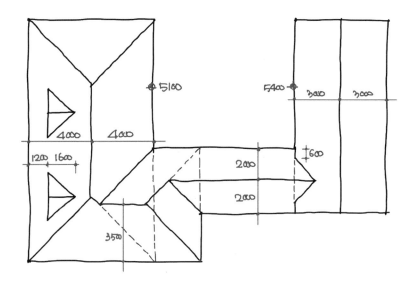

② 방수 계획

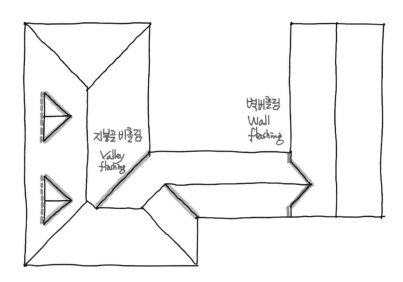

(6) 답안분석

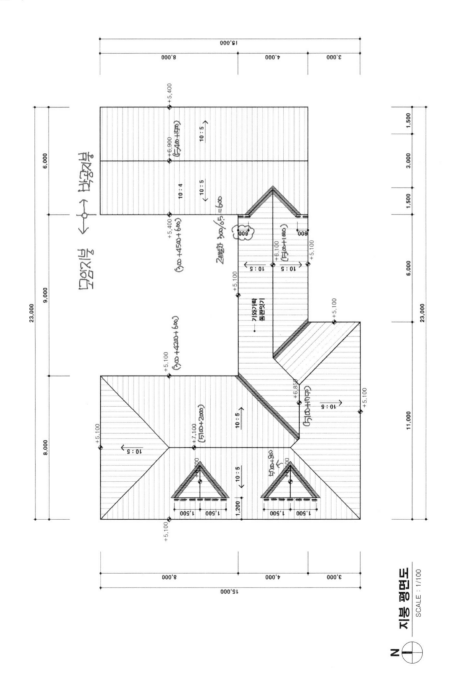

지붕 평면도
SCALE : 1/100

(7) 모범답안

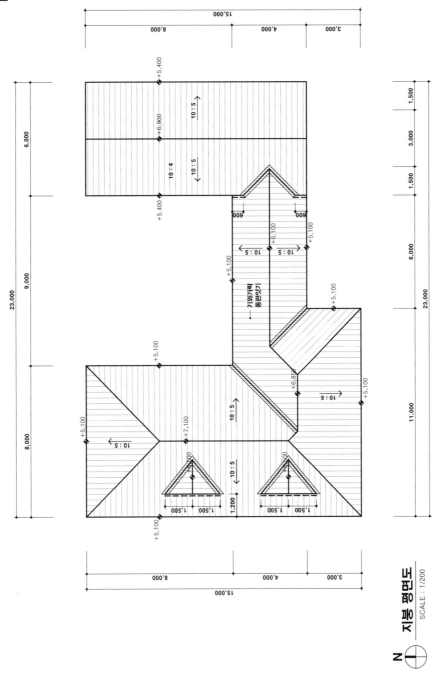

지붕 평면도
SCALE : 1/200

N

제4장

구조계획

1. 개요
    01 출제기준
    02 유형분석

2. 이론
    01 구조계획의 이해
    02 구조물에 작용하는
        하중
    03 구조물의 분류
    04 각부 구조계획

3. 익힘문제 및 해설
    01 익힘문제
    02 답안 및 해설

4. 연습문제 및 해설
    01 연습문제
    02 답안 및 해설

① 개요

01. 출제기준

⊙ 과제개요

구조물의 골조(Frame)를 사용성이나 경제성 구조안정성을 고려하여 배치하는 능력 및 리모
델링시 기존구조의 변형 및 추가 구조설계능력과 구조계산서 치수를 근거로 주심을 계획하
는 능력을 평가하는 것을 목표로 한다. 수험자에게는 기준층 평면이 주어지거나 1~2개층
평면이 일반적으로 제시된다.

⊙ 주요 평가요소

① 건축계획에 맞는 구조 프레임 및 구조 모듈을 선정하는 능력
② 슬래브 구조방식 선정과 보의 위치를 결정하는 능력
③ 기둥의 주심을 계획하는 능력과 내력벽의 위치를 결정하는 능력
④ 기존의 건축물을 리노베이션하는 경우, 활용 또는 철거 가능한 구조물을 선정하는 능력

이 기준은 건축사자격시험의 문제출제 및 선정위원에게는 출제의 중심 내용과 방향을 반영하도록 권고·유도하고, 응시자
에게는 출제유형을 사전에 파악하게 하기 위한 것입니다. 그러나 문제출제 및 선정위원에게 이 기준의 취지를 문자 그대로
반영하도록 강제할 수 없으므로, 응시자는 이 점을 참고하여 시험에 대비하시기 바랍니다.

－건설교통부 건축기획팀(2006. 2)

02. 유형분석

1. 문제 출제유형(1)

✚ 구조 프레임, 구조 모듈, 슬래브 구조방식 등의 결정

계획설계 이후 구조 모듈을 선정하는 능력, 건축계획에 맞는 구조 프레임을 제안하는 능력, 슬래브 구조방식에 따른 골 방향의 설정과 보의 위치 결정, 기둥이 아닌 내력벽의 위치를 결정할 수 있는가를 측정한다.

예. 계획설계 중인 수영장의 평면도를 참조하면서 구조재료, 공간구획, 계획천장높이, 기초 및 지질 등의 조건에 맞는 안정한 구조 시스템을 계획한다.

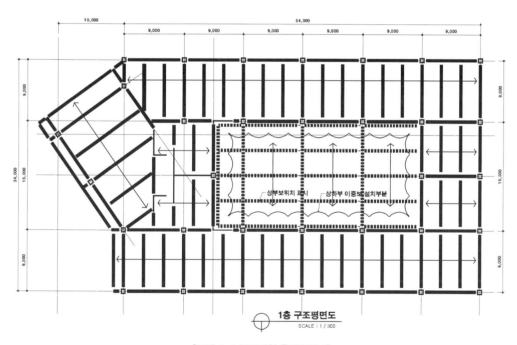

1층 구조평면도
SCALE : 1 / 300

[그림 4-1 구조계획 출제유형 1]

2. 문제 출제유형(2)

✦ 기존의 건축물을 리노베이션하기 위한 구조계획

기존의 건축물을 리노베이션하는 경우, 기존 구조를 활용하거나, 변형 · 추가하며, 변경하기 전 · 후의 구조계획의 차이점을 적정하게 활용하고 철거 가능한 구조물을 선정하는 능력을 측정한다.

예. 농촌지역의 소규모 공장건물을 이용하여 건물의 일부 또는 전체를 주거 및 작업공간으로 개조하는 경우, 변경 전의 구조를 이용하고 새로운 구조재료, 공간 구획, 천장높이 등을 고려하여 적정한 구조계획을 세운다.

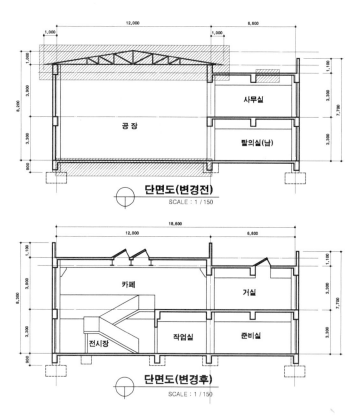

[그림 4-2 구조계획 출제유형 2]

3. 문제 출제유형(3)

✚ **평면도와 구조계산상 기둥 치수를 근거로 한 기둥의 주심계획**

기본설계 단계에서 평면도와 구조계산서상의 기둥 치수를 근거로 하여 기둥의 주심을 계획하는 능력을 측정한다.

예. 계획설계 도면을 바탕으로 한 가정단면과 주어진 창호의 규격에 맞는 기둥의 주심도를 작성한다.

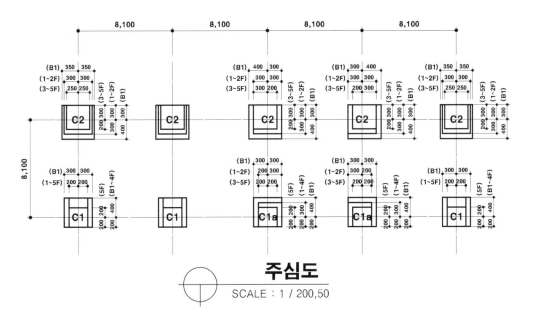

[그림 4-3 구조계획 출제유형 3]

2 이론

01. 구조계획의 이해

1. 구조계획

우리는 일생의 대부분을 건축물 안에서 생활한다. 그러므로 우리가 생활하고 휴식을 취하는 건축물의 안전은 매우 중요하다. 건축물을 우리가 생활할 수 있도록 만드는 데는 여러 분야 전문가의 노력이 필요하다.

구조계획은 건축설계의 한 분야로 건축물이 안전하게 서 있기 위한 가장 중요한 분야라고 할 수 있다. 사람으로 비유한다면 뼈대에 해당하는 부분으로 안전하게 서 있기 위해서 튼튼한 뼈대가 필요하다. 사람에게도 뼈에 비해 몸무게가 무거우면 뼈에 좋지 않듯이 건축물도 하중에 적합하도록 계획하지 않으면 외력에 안전하게 서 있을 수 없다. 그러므로 구조계획을 제대로 하여 건축물이 안전하게 서 있을 수 있도록 해야 한다.

건축물의 수명이 다 될 때까지 안전하게 서 있는 것이 구조계획의 목표이다.

(1) 건축 3요소

구조, 기능, 미 (기원전 1세기 로마 비르투비우스)

(2) 구조 3요소

안전성, 기능성, 경제성

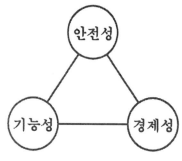

[그림 4-4 구조의 3요소]

(3) 구조계획의 목표

외력에 대해 안전하면서 제기능을 다하는 경제적인 구조물을 건축하는 것

● **구조계획의 목표**

구조계획은 기능에 부합되는 안전한 건축물을 경제적으로 구축하는 데 그 목적이 있다. 이를 구조의 3요소라 한다.

(4) 안전하게 서 있기 위해 검토해야 하는 조건

① 구조물은 불안정구조물이 아니어야 한다.

구조물이 안전하게 존재하기 위해서는 정정구조물이나 부정정구조물이어야 한다. 정정구조물, 부정정구조물, 불안정구조물 판별법 등은 구조역학을 통해 접하였을 것이다. 대부분 역학이라 하면 어렵게 인식하여 외면하게 되나 일상생활에서 사용하는 물건으로 생각하면 쉽게 이해될 것이다.

다리가 3개 이상인 책상은 외적 정정구조물이나 내적 불안정구조물이다.

위에 있는 책들은 안전하지만 지나가던 사람이 옆에서 밀면 책상은 옆으로 이동하게 된다. 그러나 책상하부를 접착제로 붙여서 다리가 이동하지 못하도록 하면 완전 정정구조물이 된다. 구조물은 연성파괴를 유도할 수 있도록 정정구조물보다 부정정구조물이 되도록 해야 하고 대부분의 건축물은 부정정구조물이다. 다리가 4개인 책상은 다리 한 개가 부러져도 서 있지만 다리가 3개인 책상은 다리가 한 개만 부러져도 넘어진다.

따라서 부정정구조물은 정정구조물에 비해 연성파괴가 되므로 안정적 구조물이라 할 수 있다.

독립기초 하나로 지지된 구조물을 Pile에 의한 기초지반으로 시공할 경우 최소 3개 이상 Pile이 시공되어야 하는데, 이것은 구조물 중에 안정구조물을 이루기 위한 조건이 적용되는 부분이다.

[표 4-1] 구조물 판별법

구 분	내 용
외적판정법	반력수만으로 구조물의 안정성을 판별하는 방법 $r-3<0$: 불안정(不安定) $r-3=0$: 안정 정정(安定 靜定) $r-3>0$: 안정 부정정(安定 不靜定)
내적판정법	반력수, 부재수, 절점수, 강절점수로 구조물의 안정성을 판별하는 방법 $m+r+k-2j<0$: 불안정(不安定) $m+r+k-2j=0$: 안정 정정(安定靜定) $m+r+k-2j>0$: 안정 부정정(安定 不靜定) m(member) : 부재수 r(reaction) : 반력수 j(joint) : 절점수 k : 강절점수
구조물의 안정 조건	① 이동과 회전을 하지 않고 원위치를 유지하며 ② 큰 변형이 생기지 않고 ③ 유한한 반력과 부재응력으로 힘의 평형을 이룰 때

② 계획시 구조물은 연성파괴가 이루어질 수 있도록 하여야 한다.

• 슬래브 설계시는 1방향 슬래브보다 2방향 슬래브로 설계하는 것이 안전하고 기둥을 설계할 때는 크기가 큰 것 1개를 만드는 것보다 여러 개의 작은 것을 만들어 파괴시 연성파괴가 이루어지도록 해야 한다.

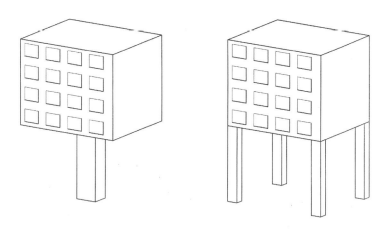

[그림 4-5 구조물의 연성파괴계획]

• 벽식 구조가 하부에서 보기둥의 리지드 프레임으로 전이될 때 전이보는 한 곳으로 큰 하중이 집중된다. 한곳으로 하중이 집중하여 부재가 파괴되면 건물 전체가 취성 파괴를 일으킬 수 있다. 평면 계획을 할 때 한곳으로 하중이 집중되지 않도록 하여야 한다.

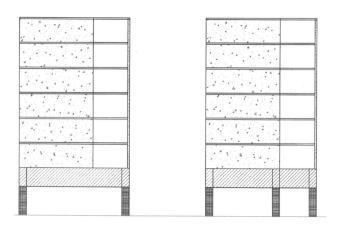

[그림 4-6 벽식 구조에서 하중의 분배]

●건축물과 구조계획

구조계획도 건축물의 효율적 사용에 목적이 있으므로 건축 공간의 기능을 최대한 살릴 수 있도록 배려한다.

③ 사용성을 고려하여 구조물을 계획하여야 한다.

공간활용을 극대화하기 위한 초고층 건축물 계획시 바람하중으로 인하여 건축물의 변위가 크게 발생하며, 일정 한도를 초과하게 되면 사람이 주거하는 데 문제가 된다. 예를 들어 많은 변위가 발생한 탑에 올라가면 어지러워 살지 못할 것이다. 그러므로 구조계획시에는 반드시 변위를 고려하여야 한다.

수평변위에 대한 규정	① 국내 규준에 풍하중에 대하여 정하여진 것은 없으나 캐나다 규준에는 1/500 이하로 하도록 제한하고 있다. ② 국내 규준에 지진하중에 의한 층간변위가 층고의 0.015배를 넘지 못하도록 제한하고 있다.

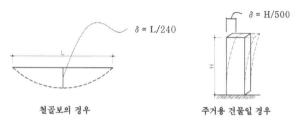

[그림 4-7 구조변위]

④ 진동을 고려하여 계획하여야 한다.

공연장이나 극장 등은 기둥이 없도록 하기 위해서 장스팬이 필요한데 장스팬으로 계획시 가장 문제가 되는 것이 진동이다. 진동은 구조계획시 가장 중요하게 고려하여야 할 사항이다.

일명 구름다리에 올라가면 어지럼 때문에 걷기가 힘들어진다. 때문에 다리가 흔들리지 않도록 하려면 일정한 높이의 보를 사용하여야 한다. 사람이 평소에 사용하는 다리를 사용성이 좋지 않은 등산로 계곡을 연결해 놓은 다리처럼 계획을 하지 않을 것이다. 이러한 이유로 구조계획시 진동을 고려하여야 하는 것이다.

[표 4-2] 진동에 대한 규정

진동에 대한 규정		
국내 규준에 제한값은 두고 있지 않으나 CEN EC 3/1(Eurocode3, Part 1)에서는 바닥진동의 제한값을 다음과 같이 규정하고 있다.		
구 분	최소고유진동수 fo(Hz)	처짐합계 1+2(mm)
보행바닥	3	28
리듬운동을 하는 바닥	5	10

02. 구조물에 작용하는 하중

1. 용어

- 고정하중, 활하중, 적설하중, 풍하중, 지진하중, 토압 및 수압하중, 온도하중, 기계 및 설비하중
- 장기하중, 중기하중, 단기하중
- 하중계수
- 경량간막이벽, 부하면적, 영향면적, 저감계수

(1) 고정하중(Dead load)

① 고정하중은 구조체 자체의 무게나 구조물의 존재기간 중 지속적으로 구조물에 작용하는 하중을 말한다.

② 특징은 정적인 연직하중이며 불변하중이다.

③ 고정하중은 지진하중과 관련이 크므로 고층빌딩에서 마감을 줄이는 것은 구조체의 크기도 줄일 수 있는 방법 중 하나이다.

(2) 활하중(Live load)

① 적재하중이란 구조물을 점유 사용함으로써 발생하는 하중이다.

② 기준에서 적재하중의 적용은 최솟값으로 적용하도록 했다. 실제 하중이 기준의 적재하중보다 작아도 차후 용도변경을 고려해서 기준의 값을 적용하도록 한 것이다.

③ 적재 하중에는 등분포 적재하중이 있고 집중 적재하중도 있다.

④ 기초나 기둥 설계시 용도에 따라 적재하중은 저감시킬 수 있다.

(3) 적설하중(Snow load)

적설하중은 기본적으로 단기하중이지만 다설지역에서는 장기하중으로 고려하기도 한다.

(4) 풍하중(Wind load)

풍하중은 구조골조용 풍하중, 지붕골조용 풍하중, 외장재용 풍하중으로 구분한다. 좁고 높은 고층빌딩에서는 반드시 풍동실험을 하여 풍하중에 대해 건물이 안전하도록 설계하여야 한다.

① 기본풍속   ② 설계풍속

③ 순간최대풍속   ④ 평균풍속

● **구조와 하중**

하중의 흐름을 정확히 파악
하여야 적절한 구조방식 및
Frame을 결정할 수 있다.

(5) 지진하중(Seismic load)

최근 지진하중으로 인한 인명피해가 많이 나고 있다. 우리나라는 지진이 심하진 않지만 가능성은 항상 존재하므로 지진하중을 고려하여 안전한 구조물을 건축하여야 한다.

① 규모(Magnitude) : 지진파의 파동으로 방출된 총 에너지량

② 진도(Intensity) : 지표면의 진동효과

③ 리히터 지진계 : Richter Scale로 지진의 강도를 표시하도록 만들어진 지진계로 미국 지진학자 리히터가 규모를 측정하기 위해 개발한 기계

(6) 토압 및 수압하중(Soil pressure & Water pressure load)

(7) 온도하중(Temperature load)

(8) 기계 및 설비하중

03. 구조물의 분류

1. 재료에 따른 분류

(1) 철근콘크리트구조 : RC(reinforced concrete) → 콘크리트+철근

압축력에 적합한 콘크리트와 인장력에 적합한 철근의 조합으로 이루어진 우수한 구조부재로 구조부재 중 가장 많이 사용되고 있다.

[표 4-3] 철근콘크리트구조의 장단점

장 점	단 점
① 일체식으로 힘의 흐름이 연속적이다. ② 강성과 내력이 크다. ③ 내화성·내구성이 뛰어나다. ④ 원하는 형상을 비교적 자유롭게 만들 수 있다. ⑤ 타 부재에 비해 비교적 경제적이다. ⑥ 내진벽을 적절히 배치하여 우수한 내진성능을 확보할 수 있어 고층구조물에도 적용가능하다.	① 자중이 크다. ② 균열이 발생되기 쉽고 국부적으로 파괴되기 쉽다. ③ 현장시공이 대부분이므로 품질이 일정하지 않다. ④ 거푸집, 동바리공 등의 공사비 소요가 많다. ⑤ 보강과 개량이 어렵다. ⑥ 탄산가스와 아연산 가스에 침식이 쉽다. ⑦ 압축강도에 비해 인장강도가 너무 낮다.

(2) 철골구조 : STEEL

재료의 구조적 성능이 뛰어나 중량이 감소되며 조립식 구조이기 때문에 공기에 유리한 장점이 많은 구조이다.

[표 4-4] 철골구조의 장단점

장 점	단 점
① 재료의 강도가 크고 자중은 경량이기 때문에 장스팬 구조나 초고층 건축물에 적합하다. ② 다른 구조에 비해 내력과 강성이 크고 내진 성능이 좋다. ③ 인성이 커서 에너지 흡수능력이 뛰어나다. ④ 공장생산이기 때문에 품질이 일정하다. ⑤ 응력에 대한 효과적 단면의 선정이 비교적 용이하다. ⑥ 조립식 구조방식이어서 공기가 짧다.	① 접합부가 복잡하고 접합방법에 따라 결함이 생기기 쉬우므로 설계시 충분한 경험이 필요하다. ② 진동과 구조물 전체에 강성확보 방법에 대한 경험적 판단능력이 중요하다. ③ 구조물의 용도에 따라 재료의 피로현상이 일어날 수 있으므로 이 영향을 고려해야 한다. ④ 강재의 열팽창률은 큰 반면에 열전도율은 작아 예상보다 큰 온도응력이 발생할 수 있으므로 건물길이가긴경우에는이에대한대비가필요하다. ⑤ 내화성·내구성을 유지하기 위해 내화피복이나 방청페인트처리가 필요하다. ⑥ 강재의 가격이 비싸고 변동폭이 커서 수급사정에 따른 공사비의 증가를 고려해야 한다. ⑦ 강도가 크고 단면이 작아 좌굴을 고려해야 한다.

●구조와 재료

재료의 선택에 따라 구조 부재가 하중에 저항하는 크기가 달라지므로 건축공간의 크기 및 높이 등을 고려하여 재료와 구조방식을 결정한다.

(3) 철골철근콘크리트구조 : SRC(steel+reinforced concrete) → 철골+콘크리트+철근

철근콘크리트와 철골의 장점을 살리고 단점을 보완하여 효율성을 향상시킨 복합구조이다.

● SRC

RC와 SC의 장점을 보완한 초고층 건물에 적합한 구조방식이다.

[표 4-5] 철골철근콘크리트구조의 장단점

장 점	단 점
① 철근콘크리트 구조에 비하여 강성, 내력이 크고 인성도 좋다. ② 철골부재의 좌굴을 고려할 필요가 없어서 강재의 효율성을 높일 수 있다. ③ 비교적 장스팬 구조나 초고층 건축물에 적합하다. ④ 내구성 · 내화성이 우수하다. ⑤ 자중이 커서 안정성이 좋다.	① 철근콘크리트공사와 철골공사가 겹쳐져 공사비가 증대된다. ② 철근배근이 복잡하여 공기가 증대된다. ③ 콘크리트 충진이 어려워 합성능력이 저하될 수 있으므로 품질관리에 유의하여야 한다.

(4) 목구조

가장 오래된 구조방식 중의 하나로 재료를 구하기 쉽고 재료의 장점이 많아 소형 구조물에 많이 쓰인다.

[표 4-6] 목구조의 장단점

장 점	단 점
① 구조재료 중 가볍고 중량에 비하여 허용강도가 비교적 크다. 콘크리트의 허용응력/비중의 값이 78인 데 비하여 미송은 120이 된다. ② 구조물의 자중이 비교적 작고 큰 변형에 대한 접합부의 에너지 흡수능력이 뛰어나서 지진의 위험이 큰 경우에는 타 구조에 비하여 붕괴의 위험이 적다. ③ 가공성이 좋고 조립 등이 용이하여 공사를 신속히 진행할 수 있다. ④ 철거 및 이전이 다른 구조에 비하여 용이하다.	① 천연재료이므로 강도, 강성, 재질 등이 다른 인공재료에 비하여 규질성이 떨어지며 섬유방향과 직각방향의 강도, 강성의 차가 심하다. ② 장기응력, 특히 압축응력에 의한 크리이프 현상에 취약하고 인장응력과 전단응력에 대하여 인성이 작다. ③ 접합부가 다른 구조에 비해 복잡하고 구조 내력이 접합부의 소요내력에 따라 정해지는 경우가 많다. ④ 골조가 수평력을 받을 경우 변형이 비교적 커서 2차 응력이 중요해질 수 있다. ⑤ 건조나 함수율의 변화에 따라 체적이 변하거나 균열, 휨 비틀림 등이 발생하기 쉽고 부식 및 충해에 취약하므로 유지관리에 세심한 배려가 필요하다. ⑥ 가연성이어서 방화구조로 적합하지 않다.

(5) 조적식 : 석조, 벽돌조, 블록조

조적구조는 벽돌이나 블록을 모르타르 등의 접착제를 사용하여 축조하는 방식으로 목조구조와 마찬가지로 가장 오래된 구조재료 중 하나이다.

[표 4-7] 조적구조의 장단점

장 점	단 점
① 내화성 · 차음성이 뛰어나다. ② 자중이 커서 바람과 같은 외력에 안정적이며 내구성이 크다.	① 인장력이 취약하여 장스팬에 불리하다. ② 인성이 적어 내진성이 떨어진다. 내진성을 향상시키기 위해서 철근을 보강하거나 철근콘크리트를 병용하여 내진성능을 향상시키기도 하나 저층구조에만 제한적으로 사용한다.

● 구조형식

벽체 또는 기둥의 구성 방식
에 따른 분류를 말하며 건축
물의 용도에 적합한 형식을
고려하여야 한다.

2. 구조형식에 따른 분류

(1) 모멘트골조구조방식(Rigid frame, Rahmen)

① 수직하중과 횡력을 보와 기둥으로 구성된 라멘골조가 저항하는 구조방식으로 철골조의 경우 접합부를 강접합으로 연결하여야 한다. 횡력에 대한 효율은 스팬과 부재의 춤에 따라 달라진다. 스팬이 작고 춤이 클수록 횡력에 대한 효율은 증가한다.

② 강성골조방식은 횡력에 대하여 강성이 적으므로 20층 내외 규모에서 이 구조형식을 사용한다.

③ 강성골조방식은 전단에 의한 변형이 전체 변형의 80% 정도이며 휨에 의한 변형이 20% 정도이다.

④ 주의해야 할 점은 횡력에 강성이 적으므로 해석시 횡변위 검토와 다이어프램 역할을 하는 슬래브의 개구부 위치와 크기에 유의하여야 한다.

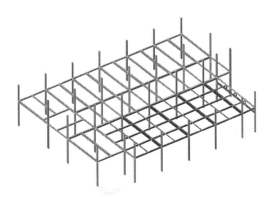

[그림 4-8 모멘트골조 구조방식]

(2) 내력벽방식

① 수직하중과 횡력을 전단벽이 부담하는 구조방식으로 우리나라 주거용 건물계획 시 가장 널리 사용된다.

② 내력벽구조는 주로 공간이 일정한 면적으로 분할되는 형태의 건축물에 사용되며 내력벽의 간격을 3.6m에서 5.4m 정도로 한다.

③ 횡력에 대한 벽체의 반응은 구조체 전체의 강성에 따라 좌우되는데 슬래브를 휨이 없는 다이어프램으로 가정하여 분배할 경우 슬래브가 충분한 강성을 가지도록 하여 횡력을 전달할 수 있어야 한다.

④ 전단벽에 의한 변형은 강성골조방식과는 달리 휨변형이 발생한다.

⑤ 주로 10~20층 정도에 경제성이 있는 것으로 되어 있으나 우리나라에서는 30층까지 적용한 사례가 있다.

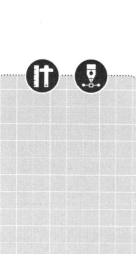

(3) 이중골조방식

횡력의 25% 이상을 부담하는 연성 모멘트골조가 전단벽이나 가새골조와 조합되어 있는 구조방식이다. 골조의 변형형태인 전단변형모드와 전단벽의 변형형태인 휨모드가 적절히 조합된 구조방식으로 저층에서 고층까지 널리 사용되고 있다.

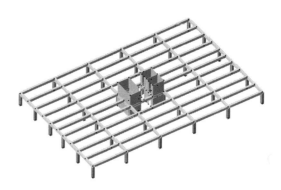

[그림 4-9 이중골조방식]

(4) 건물골조방식

수직하중은 입체골조가 저항하고 지진하중은 전단벽이나 가새골조가 저항하는 구조방식으로 기둥과 보는 모두 힌지로 접합하여 수직하중만 저항하고 전단벽이나 가새골조가 횡력에 저항하는 방식이다.

[그림 4-10 건물골조방식]

(5) 연직캔틸레버 구조방식

고가수조, 관제탑, 전망대, 사일로, 굴뚝, 철탑 등과 같은 구조물을 말한다.

04. 각부 구조계획

1. 구조계획

[1] 구조계획의 흐름

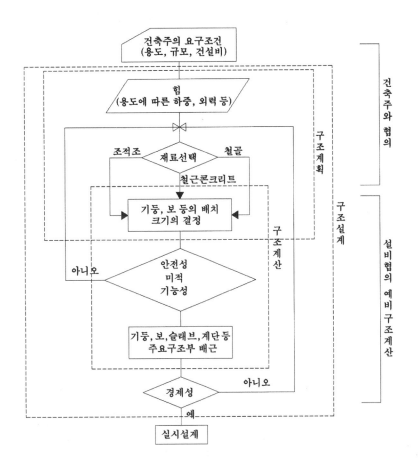

[그림 4-11 구조계획의 개념도]

● **구조부위와 계획**

RC와 SC는 표현상 차이가 있으며 특히 SC 또는 SRC에서 데크의 방향 결정이나 가새의 설치 등이 요구될 수 있다.

[2] 구조부위별 분류

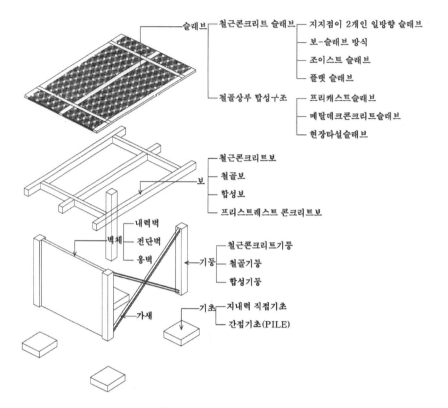

[그림 4-12 구조부위별 분류]

2. 기초계획

(1) 기초의 기능

① 기둥에서 전달받은 연직하중을 지반에 전달한다.

② 횡력이 작용할 경우 이동이나 전도를 방지한다.

(2) 기초의 종류

기초는 지내력 직접기초와 지내력이 충분하지 않을 경우의 간접기초인 파일기초가 있다.

① 지내력 독립기초

지내력이 충분하여 지지면적이 기둥부담면적보다 작을 때 사용한다. 기둥의 모멘트는 기초보(Footing Girder)로 부담한다.

② 지내력 줄기초

벽체 하부나 기둥이 붙어 있을 때 사용한다.

③ 온통기초

지내력이 충분하지 않아 기둥간격이나 지지면적이 거의 동일할 때 사용한다.

④ 파일기초

지내력이 상부 축하중을 지지하기에 부족할 때 단단한 지반까지 Pile을 박아 상부 하중을 지지하는 방식이다.

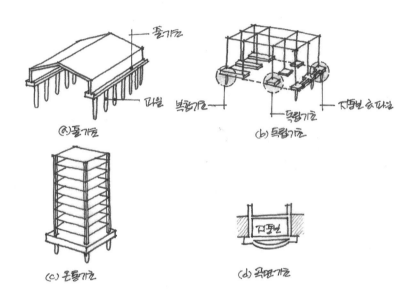

[그림 4-13 기초의 형식 분류]

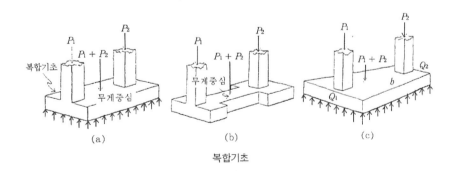

복합기초

[그림 4-14 복합기초의 유형]

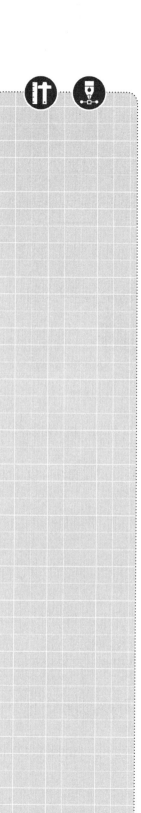

(3) 기초계획

① 지질조사보고서를 참고하여 기초지반 상태를 확인한 후 기초허용내력 결정한다. 필요시 토질기술자의 자문을 참조하여 결정하나 일반적인 경우 구조계획시는 허용지내력은 다음과 같이 결정하여도 된다.

- 사질토의 경우 : N 값×(0.8)
- 점성토의 경우 : N 값×(1.2)

② 허용내력이 결정되면 층수에 다음 값을 곱하여 허용내력과 비교하여 지내력 기초로 할 것인지, PILE 기초로 할 것인지 결정한다.

- 사무실의 경우 : (1.1×층수)×1.1
- 아파트의 경우 : (1.35×층수)×1.1

③ 위의 값이 허용내력을 초과하면 파일기초로 설계하고 허용내력 이하이면 지내력 직접기초로 설계한다.

④ 위의 값이 기초허용내력의 50% 이하이면 독립기초로 설계하고 50% 이상이면 온통기초로 설계한다.

⑤ 지지기반이 깊이 있는 경우도 파일 기초로 하도록 한다. 일반적으로 시공시 지지기반이 3m를 기점으로 경제성이 결정되는 것으로 알려져 있다.

3. 기둥계획

(1) 기둥의 기능

① 보에서 전달받은 연직하중을 기초에 전달하는 기능을 한다.

② 횡력을 보와 함께 저항한다.

(2) 기둥의 분류

1) 철근콘크리트기둥

중·저층의 규모에 많이 사용된다. 고층이 되면 단면이 커져 공간 사용에 지장이 많으므로 고층에는 일반적으로 사용하지 않으나 요즘은 콘크리트강도가 향상되어 고층건물에도 철근콘크리트기둥을 사용하고 있다.

- 기둥단면 가정법

  기둥간격 8.0×8.0m로 가정,

  5층 사무실의 경우(f_{ck}=21MPa, f_y=400MPa)

  $$\frac{출력 \times 1,000}{0.45 \times 콘크리트강도 + 0.15 \times 철근강도}$$

  $$\frac{출력 \times 1,000}{0.74 \times 콘크리트강도}$$

- 축력계산

  - 부담면적 : $8.0 \times 8.0 = 64 m^2$

  - 하중계산 : $17 \times 64 \times 5 = 5,440$kN

  - 기둥면적 계산 : $\dfrac{5,440 \times 1,000}{0.45 \times 21 + 0.015 \times 400} = 352,104 mm^2$

  - 기둥크기 : $\sqrt{352104} = 593.4$mm → 600×600mm

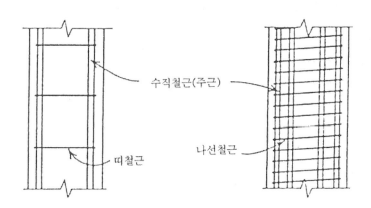

수직철근(주근)

나선철근

띠철근

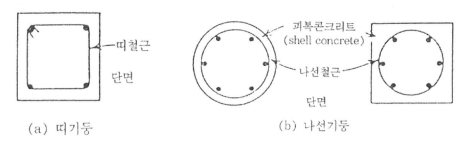

띠철근

단면

피복콘크리트
(shell concrete)

나선철근

단면

(a) 띠기둥

(b) 나선기둥

[그림 4-15 철근콘크리트기둥 이해]

2) 철골기둥

저층부터 고층규모까지 다양하게 사용된다. 강도에 비해 세장하기 때문에 좌굴을 고려해야 하고 내화 및 부식에 약하므로 방화 및 방식처리를 해야 한다.

- 기둥단면 가정법

  기둥간격 8.0×8.0m로 가정,

  5층 사무실의 경우(f_y=330MPa)

  $$\frac{축력 \times 1,000}{0.5 \times 철골강도}$$

- 축력계산

  – 부담면적 : $8.0 \times 8.0 = 64m^2$

  – 하중계산 : $11 \times 64 \times 5 = 3,520$kN

  – 기둥면적 계산 : $\dfrac{3,520 \times 1,000}{0.5 \times 330} = 21,333.3mm^2$

  – 기둥크기 : H$-400 \times 400 \times 13 \times 21$(As=21,870cm^2)

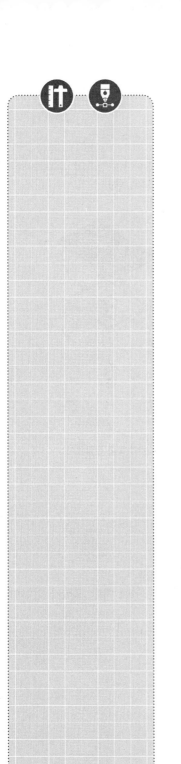

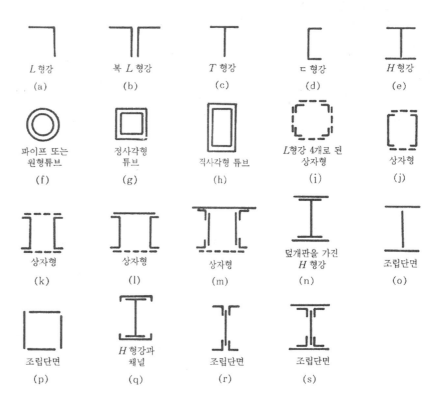

L형강 (a)	복 L형강 (b)	T형강 (c)	ㄷ형강 (d)	H형강 (e)
파이프 또는 원형튜브 (f)	정사각형 튜브 (g)	직사각형 튜브 (h)	L형강 4개로 된 상자형 (i)	상자형 (j)
상자형 (k)	상자형 (l)	상자형 (m)	덮개판을 가진 H형강 (n)	조립단면 (o)
조립단면 (p)	H형강과 채널 (q)	조립단면 (r)	조립단면 (s)	

[그림 4-16 철골기둥의 유형]

3) 철골철근콘크리트기둥

콘크리트는 고층일 때 낮은 강도 때문에 면적이 커져 사용하기 곤란하고 철골은 강성이 약해서 변위가 많이 발생한다. 이것을 보완한 것이 합성기둥으로 강도도 높고 강성도 좋아 고층건물에 많이 사용한다.

(a) 콘크리트 충전형   (b) 강재 매립형   (c) 강재 매립형   (d) 강재 매립형
   원형 튜브 기둥   사각 기둥   사각 기둥   원형 기둥

[그림 4-17 합성기둥의 형태]

●기둥계획

평면의 형태를 고려하여야하며 균등한 하중 전달을 위한 경간이 되도록 한다.

●강축과 약축

보의 모멘트 크기에 따라 축 방향을 결정한다.

(3) 기둥계획

1) 철근콘크리트 기둥

① 일반적 : 6~10m 정도

② 보춤이 주어지는 경우 : =12h~16h(여기서, h=보의 춤)

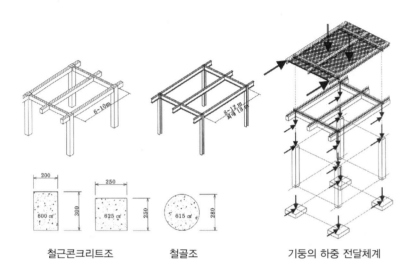

철근콘크리트조   철골조   기둥의 하중 전달체계

[그림 4-18 기둥과 보의 하중전달체계]

2) 철골기둥

① 일반적 : 8~12m 정도

② 보춤이 주어지는 경우 : =20h(여기서, h=보의 춤)

③ 철골기둥의 경우 H형강은 강축과 약축이 있으며 이에 대한 고려가 있어야 한다.

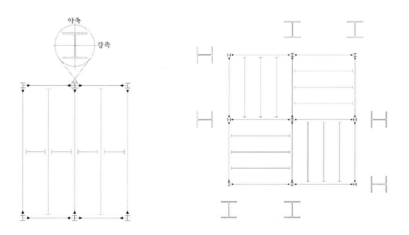

[그림 4-19 모멘트 차이가 뚜렷한 경우]

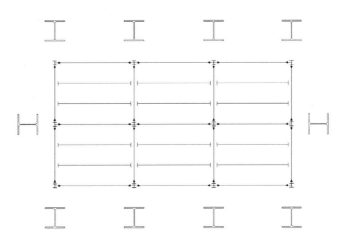

[그림 4-20 모멘트 크기가 비슷한 경우]

3) 기둥을 직선으로 배열

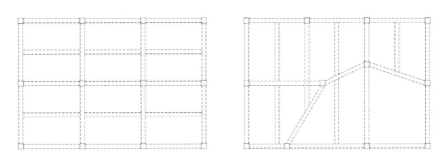

[그림 4-21 기둥의 합리적 배열 계획]

4) 기둥모듈은 3 : 2 모듈에 가깝도록 배치

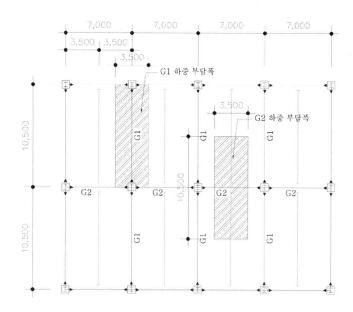

[그림 4-22 기둥의 모듈 계획]

하중을 $1tf/m^2$로 가정하면

$MG1 = 1 \times 3.5 \times 10.52/12 = 32.16tf \cdot m$

$MG1 = 1 \times 3.5 \times 10.5 \times 7/8 = 32.15tf \cdot m$으로 양쪽 보의 모멘트가 동일해진다. 따라서 기둥의 모듈간격은 위와 같은 모듈로 배치하는 것이 합리적이다.

5) 기둥간격은 규칙성 있게 배치

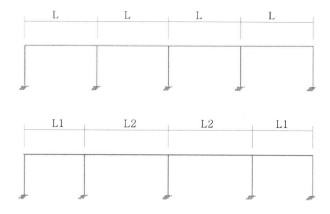

[그림 4-23 기둥 간격의 규칙성]

● **기둥과 평면**

건축공간에 방해되지 않는 범위내에서 일정한 배치가 될 수 있도록 한다.

6) 단층 공장이나 창고 기둥계획시 장스팬에 기능상 문제가 없을 경우 작은 보를 설치하지 않는 평면으로 계획

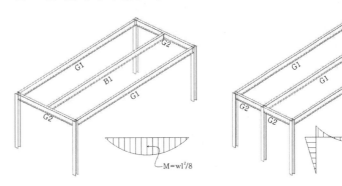

[그림 4-24 스팬 중간에 작은보를 배치할 때]   [그림 4-25 작은보를 배치하지 않고 기둥으로 계획할 때]

7) 처짐비교

- 캔틸레버보인 경우

$$\delta_1 = \frac{wl^4}{8EI}$$

$\delta_1 = 9.6 \, \delta_2$

$\delta_1 = 48 \, \delta_3$

[그림 4-26 캔틸레버보 처짐]

- 단순보인 경우

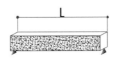

$$\delta_2 = \frac{5wl^4}{384EI}$$

$\delta_2 = 5 \, \delta_3$

[그림 4-27 단순보 처짐]

- 양단고정보인 경우

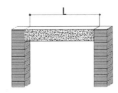

$$\delta_3 = \frac{wl^4}{384EI}$$

[그림 4-28 양단고정보 처짐]

〈참고문제〉

● 문제 : 띠철근 기둥에 P_D=1,450kN, P_L=900kN의 순수 축압축하중이 작용할 경우 이를 설계하라.

단, $\rho_g = \dfrac{A_{st}}{A_g}$ =0.03, f_{ck}=24MPa, f_y=400MPa인 단주로 가정

● 답

① 계수하중 산정

② 단면크기 산정

$$\phi P_n = \phi 0.80\{0.85 f_{ck}(A_g - A_{st}) + f_y A_{st}\},\ \phi = 0.65$$

$$= \phi 0.80\{0.85 f_{ck}(A_g - A_g \rho_g) + f_y A_g \rho_g\},\ \rho_g = \frac{A_{st}}{b \times h} = \frac{A_{st}}{A_g},\ A_{st} = A_g \times \rho_g$$

$$P_u = \phi 0.80 A_g\{0.85 f_{ck}(1 - \rho_g) + f_y \rho_g\}$$

$$A_g = \frac{P_u}{\phi 0.80 A_g\{0.85 f_{ck}(1 - \rho_g) + f_y \rho_g\}}$$

$$= \frac{3,180 \times 10^3}{0.65(0.80)\{0.85(24)(1 - 0.03) + 400(0.03)\}} = 192,380\,\text{mm}^2$$

$$A_g = 192,380\,\text{mm}^2 < 450 \times 450 = 202,500\,\text{mm}^2$$

• 단면크기 : 450×450mm

③ 철근배근

$$A_{st} = \rho_g bh = 0.03 \times 202,500 = 6,075\,\text{mm}^2 < 8\text{-}D32(=6,352\,\text{mm}^2)$$

④ 축내력 검토

$$\phi P_n = 0.65(0.80)\{0.85(24)(450^2 - 6,352) + 400(6,352)\}10^{-3}$$

$$= 3,402\,\text{kN} < 3,180\,\text{kN}$$

⑤ 띠철근 배근설계

D10 띠철근 사용

축방향 철근지름의 16배　　　=16×32=512mm

띠철근지름의 48배　　　　　=48×10=480mm

기둥단면의 최소치수　　　　　　=450mm

띠철근지름은 D10 @ 450으로 배근

4. 벽체계획

(1) 벽체의 기능

① 보에서 전달받은 연직하중을 기초에 전달한다.

② 횡력을 보나 다이어프램 슬래브와 함께 저항한다.

③ 공간을 구획하고 공간소음을 차단한다.

(2) 벽체

① 내력벽

수직하중에 저항하는 벽체이다.

② 전단벽

횡력으로 인한 전단력에 저항하는 벽체이다.

③ 옹벽

토압에 저항하는 벽체이다.

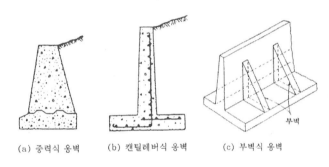

(a) 중력식 옹벽   (b) 캔틸레버식 옹벽   (c) 부벽식 옹벽

[그림 4-29 옹벽의 종류]

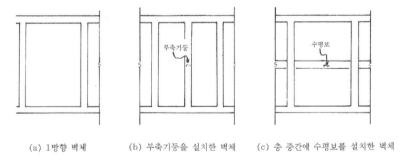

(a) 1방향 벽체   (b) 부축기둥을 설치한 벽체   (c) 층 중간에 수평보를 설치한 벽체

[그림 4-30 지하벽의 종류]

(3) 벽체계획

① 수평력(지상 풍하중, 지진하중 지하 토압)에 저항할 수 있도록 대칭으로 배치
한다.

② 횡력에 저항하는 전단벽 간 간격이 너무 멀지 않도록 배치한다.

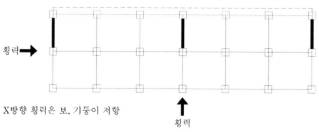

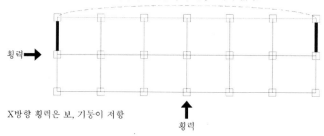

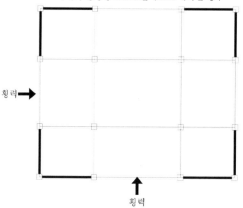

[그림 4-31 벽체계획]

③ 하중이 집중되는 벽체단부는 보강기둥을 배치한다.

④ 스팬이 긴보와 인접시 벽보를 설치하여 힘 전달과 정착이 원활히 되도록 한다.

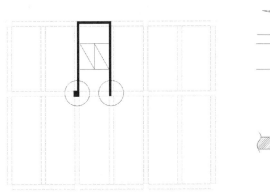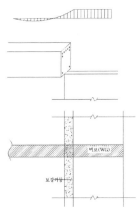

[그림 4-32 기둥과 벽체 비교]

⑤ 지상층 내력벽 두께를 H/25 이하로 한다.

⑥ 개구부 설치시 상부 인방보를 설치한다.

⑦ 지하층 토압옹벽은 20cm 이상으로 한다.

5. 큰보계획

(1) 보의 기능

① 슬래브에서 전달받은 연직하중을 기둥에 전달하는 기능을 한다.

② 풍하중이나 지진하중 같은 횡하중을 기둥이 저항하도록 힘을 전달하는 기능을 한다.

③ 기둥과 기둥을 연결한다.

(2) 보의 분류

보는 기둥과 기둥을 연결하는 큰보(Girder)와 슬래브의 크기가 클 경우 큰보 사이에 슬래브를 나누어주는 작은보(Beam)로 나뉘어진다.

재료에 따라서는 철근콘크리트보, 철골보, 합성보, 프리스트레스트 보 등이 있다.

1) 철근콘크리트보

압축력과 내화, 내식이 뛰어난 콘크리트와 인장력이 우수한 철근을 이용한 중·저층 규모의 대표적인 구조부재 중의 하나로 형상이 자유롭고 강성이 큰 장점이 있으나 자중이 많이 나가 고층빌딩이나 장 스팬에는 부적절한 부재이다.

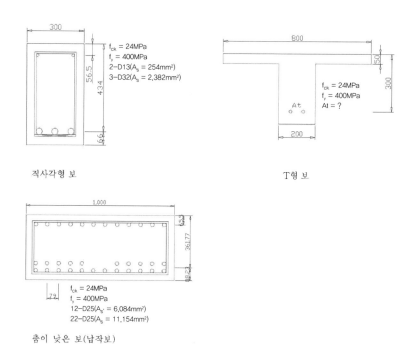

직사각형 보

T형 보

춤이 낮은 보(납작보)

[그림 4-33 철근콘크리트보]

2) 철골보

철근콘크리트보와 달리 강도가 높아 장 스팬이나 고층구조물에 많이 사용되는 구조부재이나 강도에 비해 단면이 세장해 횡좌굴이 발생되므로 유의해야 한다.

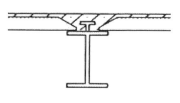

[그림 4-34 철골보]

● **구조형식과 경간**

RC조, SC조, SRC조 등의 구조 형식에 따라 경간의 크기가 다르게 적용되며, 이때 1개 Span에 계획되는 Beam의 크기와 개수도 달라지게 된다.

246 건축사시리즈_건축설계2

3) 합성보

철골을 완전히 감싸는 완전합성보와 철골
상부에 슬래브가 있는 합성보가 있는데 일
반적으로 합성보라 함은 완전합성보를 말
한다. 일반적으로 합성보는 지하층에서 토
압이 작용하는 경우 또는 철골보와 철근콘
크리트보가 만나는 서로 다른 이질재 사이
에서 많이 사용한다.

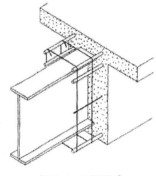

[그림 4-35 합성보]

4) 프리스트레스트 콘크리트보

스팬이 길어짐에 따라 처짐현상이 많고 휨균열이 많이 발생하므로 철근콘크
리트보나 철골보 대신에 많이 사용하고 있다. 프리스트레스트는 고강도의 재
료를 사용하고 프리스트레싱이라는 특수한 작업에 의해 만들어지므로 설계
초기단계에 프리스트레싱의 형식, 사용 긴장재의 종류와 성능 및 부착과 정
착방식, 재작방법, 시공상태 등이 달라질 수 있으므로 유의해야 한다.

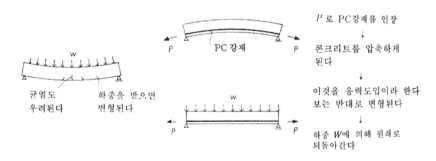

[그림 4-36 프리스트레스트 콘크리트보]

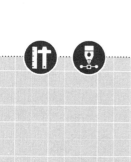

(3) 큰보계획

1) 벽보(Wall Girder)계획

① 인접보의 철근정착과 벽제의 일체성 확보를 목적으로 설치한다.

② 개구부 설치시 상부에 인방보를 설치한다.

2) 철근콘크리트 큰부

기둥과 기둥을 연결한다.

3) 철골 큰보

① 기둥과 큰보는 강접합한다.

② 작은보와 큰보는 핀접합한다.

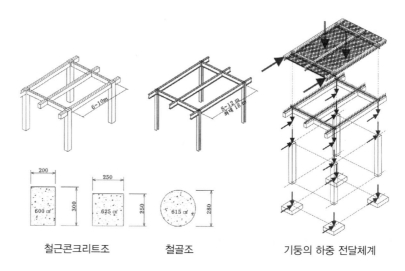

철근콘크리트조   철골조   기둥의 하중 전달체계

[그림 4-37 보의 하중전달체계]

6. 작은보계획

(1) 작은보의 기능

① 작은보는 슬래브의 하중을 큰보로 전달한다.

② 작은보의 설치목적은 슬래브의 두께를 감소하고자 함이다.

(2) 작은보의 계획

1) 철근콘크리트 작은보

① 작은보는 길이 방향으로 길게 배치한다.

② 작은보는 가능한 연속보가 되도록 배치한다.

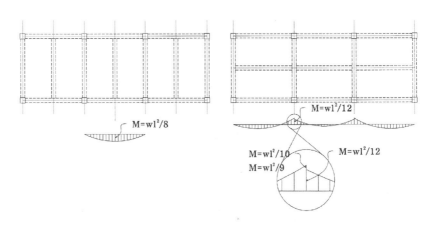

단순보로 배치할 경우   연속보로 배치할 경우

[그림 4-38 철골콘크리트 작은보의 계획]

● 작은보 배치

일반적으로는 1안을 기준으로
한다.

2) 철골 작은보

① 작은보는 큰보 길이 방향으로 길게 배치한다.

그러나 작은보의 길이가 장스팬일 경우 2안처럼 배치해야 할 경우도 있다.

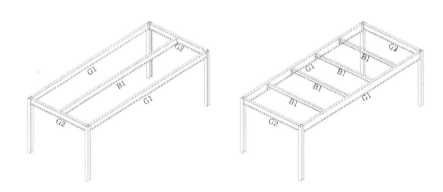

작은보는 큰보의 단변과 직각으로
배치해야 최대 모멘트가 작아진다.

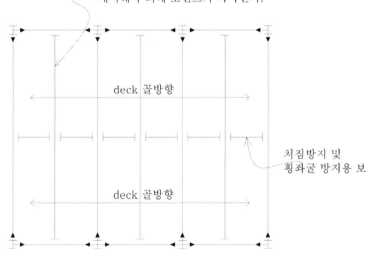

[그림 4-39 철골 작은보의 계획]

② 데크 플레이트의 스팬을 초과하지 않도록 배치한다.

③ 큰보 및 작은보의 길이가 10m를 초과할 경우 횡좌굴 및 처짐 방지보를 배치한다.

④ 보의 깊이가 제한될 경우 작은보를 엇갈리게 배치하여 힘이 분산되도록 한다.(이 경우는 정방형에 가까울 때에 해당한다.)

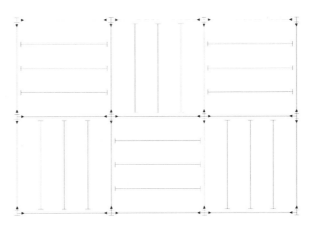

[그림 4-40 철골 작은보의 지그재그 보 배치]

7. 슬래브계획

(1) 슬래브의 기능

① 연직하중 1차 지지요소로 보에 전달하는 기능을 한다.

② 횡하중이 작용할 때 기둥과 기둥 혹은 벽체와 벽체가 힘을 받도록 하는 다이
어프램 역할을 한다.

③ 층간소음차단기능을 한다.

(일본의 경우 특별한 마감재 등에 의한 성능확보를 하지 않는 경우 150mm
이상을 확보한다.)

④ 공동주택 최소 바닥두께는 다음과 같다.

(공동주택 바닥충격음 차단구조인정 및 관리기준, 2006. 6. 30)

•라멘구조 : 150mm

•무량판구조 : 180mm

•벽식 구조 : 210mm

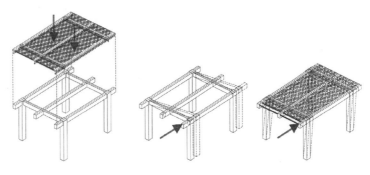

[그림 4-41 슬래브의 기능]

(2) 슬래브의 분류

1) 철근콘크리트슬래브

① 지지점이 2개인 1방향 슬래브

양단부에 보나 벽체에 의해서 지지되며 슬래브 두께는 75~250mm 정도이다. 장스팬일 경우 프리스트레스트 슬래브를 사용하기도하고 우리나라에서는 대표적으로 아파트에 사용되고 있고 호텔 등에서도 사용된다.

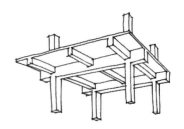

[그림 4-42 1방향 슬래브]

[표 4-8] 지지점이 2개인 1방향 슬래브의 장단점

장 점	단 점
① 최소층고를 유지할 수 있다. ② 최소 구조층을 확보할 수 있다. ③ 하부가 평평하며 비구조체의 부착이 쉽다. ④ 설치방법이 다양하다. ⑤ 보온능력이 좋으며 차음효과가 뛰어나다. ⑥ 감쇄특성이 좋다.	① 스팬이 작다. ② 춤에 비해 처짐이 크게 발생한다.

② 보-슬래브 방식

단변과 장변의 비에 따라 1방향 슬래브와 2방향 슬래브가 있다. 단변과 장변의 비가 2 이상이면 1방향 슬래브이고 2 미만이면 2방향 슬래브이다. 철근콘크리트 구조체의 경우 보-기둥의 접합이 강접으로 되어 횡력을 지지하는 데 뛰어나다.

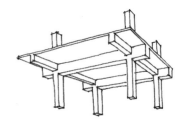

[그림 4-43 보-슬래브 방식]

[표 4-9] 보-슬래브 방식의 장단점

장 점	단 점
① 긴 스팬에 적용 가능하다. ② 큰 개구부가 가능하다. ③ 불규칙적인 형태에도 사용 가능하다. ④ 프리스트레스의 도입이 용이하다.	① 보 때문에 춤이 커지고 층고도 높아진다. ② 거푸집공사가 비싸다. ③ 규격화된 거푸집이 없다.

● 1방향 Slab

일반적으로는 1방향 슬래브방식을 적용한다.

③ 조이스트시스템(Joist System)

폭 150~250mm, 춤 300~500mm 이하인 리브를 간격 450~900mm로 배치하고 리브사이를 슬래브 75mm 정도 두께로 구성하여 스팬 6~16m를 지지하는 구조방식으로 사무소, 상업용 건물에 널리 사용된다. 리브가 1방향이면 PAN JOIST이고 2방향이면 WAFFLE이라 한다.

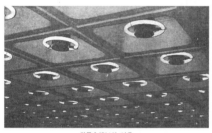

워플슬래브의 이용
(워플슬래브의 배치에 맞춰서 조명기구가 설치되었다)

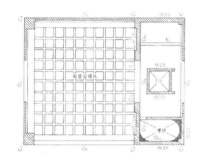

[그림 4-44 조이스트시스템의 장단점]

[표 4-10] 조이스트시스템의 장단점

장 점	단 점
① 장 스팬이 가능하다. ② 전기 · 기계설비가 용이하다. ③ 자중이 적은 편이다.	① 평면이 불규칙한 경우 적용이 곤란하며 경제성이 떨어진다. ② 하부마감이 곤란하다. ③ 개구부가 큰 구조물에 적용 불가능하다.

④ 플랫 슬래브

보가 없어 층고가 낮아지는 장점이 있으나 횡력에 약한 단점이 있다.

[표 4-11] 플랫 슬래브의 장단점

장 점	단 점
① 층고를 최소화할 수 있다. ② 전기 · 기계설비가 용이하다. ③ 거푸집공사가 단순하여 공기를 단축할 수 있다.	① 평면이 불규칙한 경우 적용이 곤란하다. ② 개구부가 자유롭지 못하다. ③ 횡력에 대한 강성이 적다.

2) 철골 상부 바닥판 및 합성구조 방식

① 프리캐스트 콘크리트 슬래브

고층철골구조의 경우 현장타설하는 습식 공법보다 프리캐스트와 같은 건식 공법이 효율적이므로 고려할 필요가 있다. 슬래브의 자중을 줄이기 위하여 두께 중앙부를 중공슬래브로 사용하기도 하며 장스팬일 경우는 프리스트레스를 가하기도 한다.

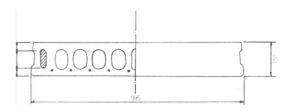

[그림 4-45 프리캐스트 콘크리트 슬래브]

[표 4-12] 프리캐스트 콘크리트 슬래브의 장단점

장 점	단 점
① 현장에서 노무량을 감소시킨다. ② 철골부재와 철근콘크리트 부재의 설치작업을 동시에 할 수 있어 공기를 단축시킬수 있다. ③ 기후조건에 관계없이 공사가 가능하다.	평면이 불규칙하거나 스팬이 다를 경우 생산비가 증가한다.

② 매탈데크 위 콘크리트 슬래브

현장타설이기는 하나 거푸집을 사용하지 않고 메탈데크를 사용하므로 공사가 용이해지는 장점이 있으며 메탈데크의 용도에 따라 구조용과 거푸집용이 나누어진다.

스터드 볼트를 전단 연결재로 사용한다.

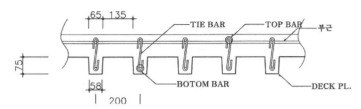

[그림 4-46 메탈데크 위 콘크리트 슬래브]

[표 4-13] 메탈데크 위 콘크리트 슬래브의 장단점

장 점	단 점
① 철골구재부재의 설치 및 작업이 용이하다. ② 작업공간이 확보되고 하부의 작업이 보호된다. ③ 현장투입 노동력이 적고 설치가 빠르다.	① 재료비가 비싸다. ② 내화피복이 필요한 경우가 있다.

③ 현장타설 철근콘크리트 슬래브

철골부재 위에 거푸집을 설치하고 콘크리트를 타설하되 슬래브 두께는 1/30~1/15정도로 하중과 스팬에 따라 결정한다.

[표 4-14] 현장타설 철근콘크리트 슬래브의 장단점

장 점	단 점
① 슬래브의 개구부 평면의 불규칙성 등 다양한 불규칙성을 고려할 수 있다. ② 합성거동을 얻기 쉽다. ③ 연속 스팬을 사용하므로 철근비가 작은 편이다.	① 거푸집, 철근조립, 콘크리트타설 등으로 노무비가 증대된다. ② 습식 공법으로 공기가 길어지며 기후에 영향을 받기 쉽다. ③ 철골의 설치와 콘크리트의 디설이 공기에 직접적 영향을 미치므로 철저한 관리가 필요하다.

(2) 슬래브의 계획

1) 철근콘크리트 슬래브

① 철근콘크리트 1방향 슬래브 최대스팬 제한 : 4.5m(슬래브 두께 150mm인 경우)

$28 \times 0.15m + 0.3m = 4.5m$

② 철근콘크리트 2방향 슬래브 면적제한 : 30m^2(슬래브 두께 150mm인 경우)

정방형 슬래브일 경우는 42m^{2}까지도 가능함

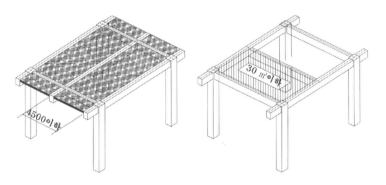

[그림 4-47 철근콘크리트 슬래브의 계획]

●데크플레이트 계획

데크플레이트 설치 방향을 이 해하도록 하며, 골의 방향이 하중의 전달방향이 된다.

2) 철골데크 슬래브

① 메탈데크를 사용한 콘크리트 슬래브의 경우 최대스팬을 4.5m 이하가 되도록 한다.

② 철골부재에 메탈데크 설치시 골방향이 일정한 방향으로 계획되도록 한다.

③ 캔틸레버 슬래브의 경우 처짐 발생이 과다해지지 않도록 계획한다.

1. Geometry and Materials

Design Code : KCI-USD99 (Build.)

Material Data : f_{ck} = 210 kgf/cm²

f_y = 4000 kgf/cm²

Slab Dim. : 4000 ∗ 7700 ∗ 150 mm (c_c = 20 mm)

Edge Beam Size :

B1 = 30 X 70, B2 = 30 X 70 cm

B3 = 30 X 70, B4 = 30 X 70 cm

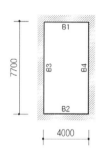

2. Applied Loads

Dead Load : W_d = 0.60 tf/m²

Live Load : W_l = 0.40 tf/m²

$W_u = 1.4 \cdot W_d + 1.7 \cdot W_l$ = 1.52 tf/m²

3. Check Minimum Slab Thk.

α_m = (7.33+7.33+14.11+14.11)/4 = 10.7188

β = L_{ny}/L_{nx} = 2.0000

h_{min} = 90 mm

h = $l_n(800+f_y/14)/(36000+9000 \beta)$ = 149 mm

Thk = 150 > Req'd Thk = 149 mm .... O.K.

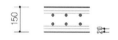

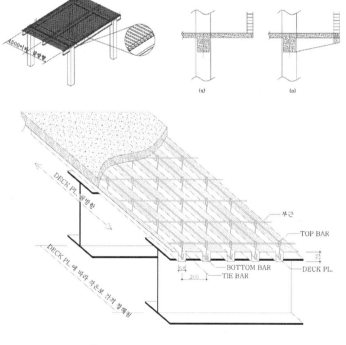

[그림 4-48 철골데크 슬래브의 계획]

〈참고문제〉

● 문제 1. 슬래브 두께가 150mm일 때 적정한 슬래브 크기를 결정하라.

• 작은보를 설치하지 않았을 때 먼저 슬래브가 1방향인지 2방향인지 판단한다.

9/8.1=1.11 < 2이므로 2방향 슬래브이다.

• 2방향 슬래브이므로 면적이 30m²를 초과하는지 검토한다.

8.1×9.0m=72.9m² > 30m²이므로 작은보를 설치하여야 한다.

• 작은보 설치 후 다시 1방향인지 2방향인지 확인한다.

9/4.05=2.22 > 2이므로 1방향 슬래브이다.

• 1방향 슬래브이므로 단변이 4.05 < 4.5m로 만족한다. 1방향 슬래브일 때는 면적과 비교하지 않는다.

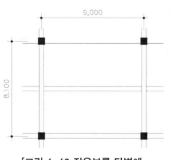

[그림 4-49 작은보를 단변에 직각으로 설치한 경우]

● 문제 2. 슬래브 두께 150mm일 때 적정한 슬래브 크기를 결정하라.

• 작은보를 설치하지 않았을 때 먼저 슬래브가 1방향인지 2방향인지 판단한다.

9/8.1=1.11 < 2이므로 2방향 슬래브이다.

• 2방향 슬래브이므로 면적이 30m²를 초과하는지 검토한다.

8.1×9.0m=72.9m² > 30m²이므로 작은보를 설치하여야 한다.

• 작은보 설치 후 다시 1방향인지 2방향인지 확인한다. 8.1/4.5 =1.8 < 2이므로 2방향 슬래브이다.

• 2방향 슬래브이므로 면적과 비교한다.

8.1×4.5m=72.9m² > 36.45m²이므로 작은보를 2개로 보내야 한다.

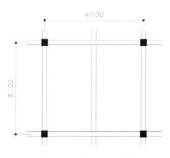

[그림 4-50 작은보를 장변에 직각으로 설치한 경우]

8. 가새계획

① 구조물에 비틀림이 발생되지 않도록 가새는 대칭이 되도록 설치한다.

② 가새는 30~60°정도로 배치하여 힘 전달에 유리하도록 한다.

③ 벽가새가 있는 구간에서는 평면가새를 전 구간에 설치한다.

④ 가새와 가새는 간격이 너무 멀지 않게 설치한다.

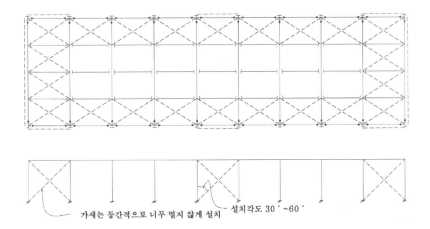

[그림 4-51 가새계획]

9. 증 · 개축계획

건물의 증축은 다음 3가지로 구분할 수 있다.

① 평면적 수평증축

② 높이방향의 수직증축

③ 일부분을 철거 후 수직 및 수평증축

(1) 평면적 수평증축 구조계획

① 기존구조물에 하중은 추가되지 않으므로 신축과 같이 주요 구조부 계획을 하여도 된다.

② 기둥간격이 기존구조물보다 클 경우 보의 춤이 커지고 춤이 커지면 층고가 커져야 하므로 되도록 기둥간격은 기존구조물을 참고한다.

③ 기존구조물과 일체로 시공시 접합부가 균열이 발생될 우려가 많으므로 익스팬션조인트를 고려하도록 한다.

④ 익스팬션조인트를 둘 경우 기존구조물과 일정한 간격을 두어 지진시 건물끼리 충돌하지 않도록 하여야 한다.

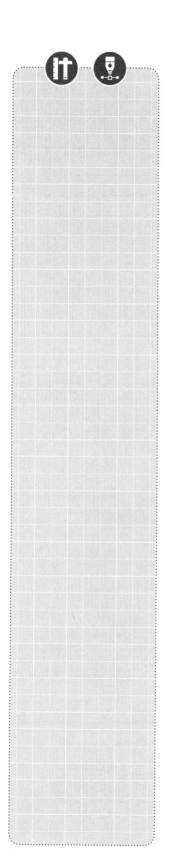

⑤ 수평증축으로 인하여 물탱크와 냉각타워의 용량을 늘려야 할 경우 되도록이면 증축건물에 두도록 하고, 기존구조물에 용량을 늘려서 배치하여야 하는 경우에는 기존구조물의 부재를 검토하여 보강 조치하도록 하여야 한다.

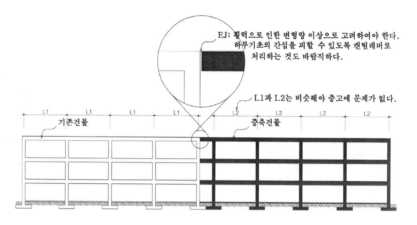

EJ: 횡력으로 인한 변형량 이상으로 고려하여야 한다.
하부기초의 간섭을 피할 수 있도록 캔틸레버로
처리하는 것도 바람직하다.

L1과 L2는 비슷해야 층고에 문제가 없다.

기존건물   증축건물

[그림 4-52 수평증축 구조계획]

(2) 높이방향의 수직증축 구조계획

① 수평증축과는 달리 하중이 추가될 우려가 많으므로 기존도면과 구조계산서 지질조사보고서를 토대로 안전진단을 실시하여 증축 가능성을 확인하여야 한다.

② 증축시 기존구조물에 영향이 적도록 경량구조로 구조계획하는 것이 바람직하다.

③ 증축시 내진적용대상이 아니던 구조물이 내진적용대상 구조물이 될 경우 내진성능확보를 위해 내진벽이나 가새를 고려하여 횡력에 안전하도록 하여야 한다.

④ 수직증축으로 횡력에 대한 허용변위량이 초과할 수 있으므로 유의하여야 한다.

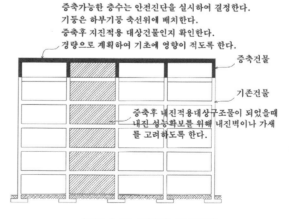

증축가능한 층수는 안전진단을 실시하여 결정한다.
기둥은 하부기둥 축선위에 배치한다.
증축후 지진적용 대상건물인지 확인한다.
경량으로 계획하여 기초에 영향이 적도록 한다.

증축건물

기존건물

증축후 내진적용대상구조물이 되었을때
내진 성능확보를 위해 내진벽이나 가새
를 고려하도록 한다.

[그림 4-53 수직증축 구조계획]

(3) 일부분 철거 후 증축 구조계획

① 슬래브나 보를 철거시 인접 스팬 부재의 힘의 흐름이 바뀔 수 있으므로 검토 후 구조전문가와 협의 후 구조계획하여야 한다.

② 기둥을 철거할 경우 기존구조물의 안전진단을 통하여 구조체의 안정성을 검증 후 구조계획하여야 한다.

③ 기존 구조물 철거 후 증축한 구조체 높이가 높아진다든지 하중이 추가되면 주변 구조물을 반드시 검토 후 구조계획을 하여야 한다.

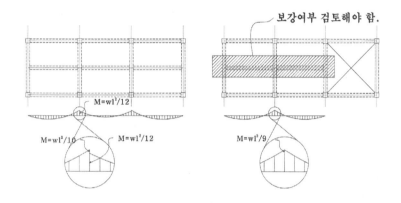

[그림 4-54 철거 및 증축 구조계획]

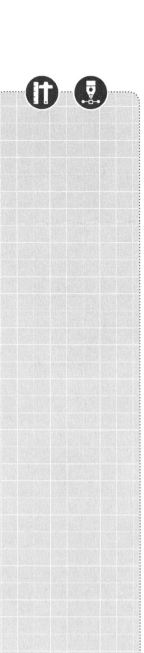

10. 체크리스트

(1) 누락한 지문 요구사항은 없는지 검토하였는가?

(2) 주심계획

① 기둥간격은 정당한가?
② 기둥을 오픈부에 배치한 부분은 없는가?
③ 이질재료가 만나는 접합부에 적당한 재료의 기둥을 선택했는지 검토하였는가?
④ H형강의 강축은 적절히 배치되었는가?

(3) 큰보계획

① 기둥과 기둥 사이는 좌굴을 방지할 수 있도록 모두 연결했는지 검토하였는가?
② 무리한 캔틸레버보는 없는가?
③ 개구부 상부에는 인방보를 설치하였는가?

(4) 작은보계획

① 작은보의 개수는 적절한가?
② 작은보는 큰보의 모멘트가 최소가 되는 곳에 배치되었는가?
③ 연속보가 되도록 배치하였는가?
④ 작은보는 슬래브 오픈 부위에 적절히 설치되었는가?

(5) 슬래브계획

① 슬래브 크기는 사용상 문제가 없는가?
② 캔틸레버 슬래브의 길이는 처짐에 문제가 없는 길이로 설계하였는가?
③ 철골조일 경우는 데크 슬래브의 길이를 지문에 주어진 크기 이하가 되도록 배치했는지 검토하고 데크의 골방향은 표기하였는가?

(6) 횡력에 대한 계획(벽체나 가새)

① 코어 부분에 벽체를 적절히 계획하였는가?
② 철골조 경량지붕일 경우 다이어프램 역할을 할 수 있도록 평면가새를 설치하였는가?
③ 철골조일 경우 가새를 대칭되도록 배치하였는가?

NOTE

③ 익힘문제 및 해설

01. 익힘문제

익힘문제1. 작은보 배치

- 콘크리트가 타설되는 철골보 배치

  데크플레이트에 콘크리트가 타설되는 평지붕이다. 작은보를 배치하라.
  부재는 공장생산되는 H형강 기성제품을 사용하려고 한다.

- 경량지붕에서 철골보 배치

  경사지붕 마감재료가 경량재료이다. 작은보를 배치하라.

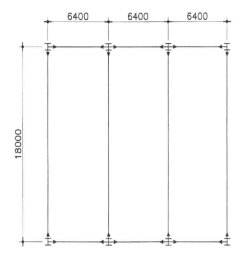
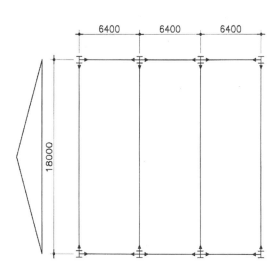

[SCALE : 1/400]

익힘문제 2. 주심계획문제

• 최대 스팬이 8m가 되도록 철근콘크리트 기둥을 배치하라.

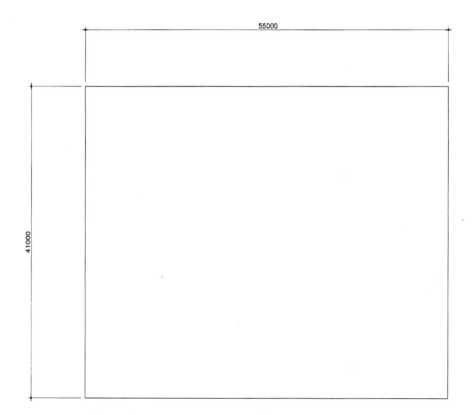

[SCALE : 1/400]

02. 답안 및 해설

답안 및 해설 1. 작은보 배치 답안

• 콘크리트가 타설되는 철골보 배치

보의 모멘트가 최소가 되려면 작은보는 G2에 지지하도록 배치한다. 만일 그렇지 않고 G1에 지지하도록 작은보를 배치하면 18.0m 스팬에서 G1은 트러스로 계획해야 할 것이다. 따라서 콘크리트가 타설되는 슬래브를 가진 구조물에서 성형제작되는 공장생산품으로 사용하려면 반드시 아래 도면과 같이 작은보를 배치하여야 한다.

• 경량지붕에서 철골보 배치

큰보의 모멘트가 최소가 되도록 작은보는 G2에 지지하도록 위의 문제와 같이 배치할 수도 있으나 그럴 경우 B1의 보가 비경제적이므로 B2를 G1에 지지시키고 B1은 B2에 지지하도록 배치하면 G1 이외의 보는 작은보로 가능하기 때문에 경제적이다.

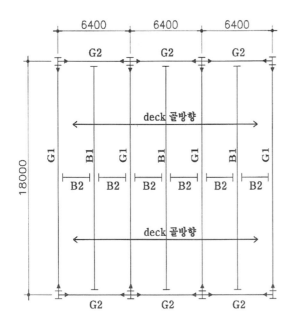

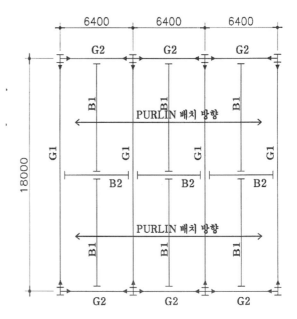

답안 및 해설 2. 주심계획문제 답안

① 가로방향 기둥배치 : 55/8=6.875 → 7칸으로 나누면 된다.

  55/7=7.875m로 소수점이 아닌 정수로 스팬을 정하기 위해서 기둥을 부등간격으로 배치한다.

  가로방향 기둥배치 : 55-(8×5+7.5×2)=0 → 외부 스팬이 7.5m가 되도록 배치

② 세로방향 기둥배치 : 41/8=5.125 → 6칸으로 나누면 된다.

  41/8=6.83m로 소수점이 아닌 정수로 스팬을 정하기 위해서 기둥을 부등간격으로 배치한다.

  가로방향 기둥배치 : 41-(7×4+6.5×2)=0 → 외부 스팬이 6.5m가 되도록 배치

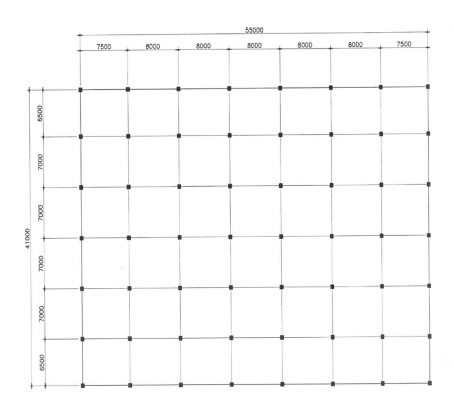

④ 문제 및 해설

01. 연습문제

| 연습문제 | 제목 : 업무시설의 구조계획 |

1. 과제 개요

제시된 도면은 지상 25층, 지하 5층 규모인 업무시설의 기준층 평면도이다. 제시된 도면을 참조하여 기준층의 바닥 구조평면도 및 접합상세도를 작성하시오.

2. 설계 조건

(1) 규모 : 지상 25층, 지하 5층

(2) 구조
  ① 코어 부분 : 철근콘크리트 전단벽 구조
  ② 기타 부분 : 철골 구조

(3) 층고
  ① 1층 : 4,500mm
  ② 기준층 : 3,600mm

(4) 슬래브
  ① 코어 부분 : 150mm 두께의 콘크리트 슬래브
  ② 기타 부분 : 150mm 두께의 데크 슬래브

(5) 코어 부분의 철근콘크리트 전단벽은 코어선행공법을 적용하여 시공하며, 합성부재는 사용하지 않는다.

(6) 코어 부분의 철근콘크리트 전단벽과 철골 골조가 접합되는 부분은 시공성을 고려하여 합리적으로 계획한다.

(7) 철골 기둥과 보는 압연 H형강을 사용하며, 철골 보는 500×200 시리즈로 가정하여 기둥간격을 배치한다.

(8) 데크 슬래브는 시공성 및 사용성을 고려하여 최대 3.5m 이내가 되도록 계획한다.

(9) 데크 골방향은 시공성을 고려하여 일정한 방향이 되도록 구조 부재를 배치한다.

(10) 철골 부분은 횡력의 영향을 고려하여 구조부재를 배치한다.

(11) 가새는 L형강을 사용하는 것으로 가정한다.

3. 도면 작성 요령

(1) 기준층 바닥 구조평면도 작성
  ① 축척 : 1/500
  ② 치수 : mm

(2) 코어 벽체와 철골 접합 상세도
  ① 축척 : NONE

(3) 기둥-큰보-가새 접합 상세도
  ① 축척 : NONE

4. 유의 사항

(1) 제도는 반드시 흑색 연필로 한다.(기타는 사용금지)

(2) 명시되지 않은 사항은 현행 관계 법령의 범위 안에서 임의로 한다.

(3) 평면도에 표시된 선은 중심선이다.

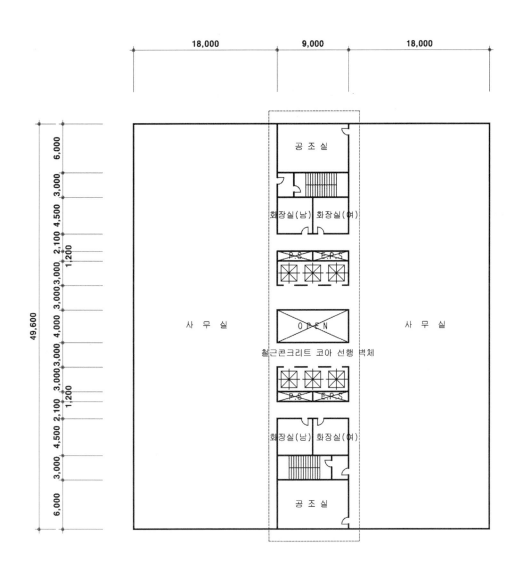

18,000 · 9,000 · 18,000

49,600

6,000 / 3,000 / 4,500 / 2,100 / 1,200 / 3,000 / 3,000 / 4,000 / 3,000 / 3,000 / 1,200 / 2,100 / 4,500 / 3,000 / 6,000

공 조 실

화장실(남) 화장실(여)

P.S E.P.S

OPEN

철근콘크리트 코아 선행 벽체

P.S E.P.S

화장실(남) 화장실(여)

공 조 실

사 무 실

사 무 실

기준층 평면도

SCALE : 1/500

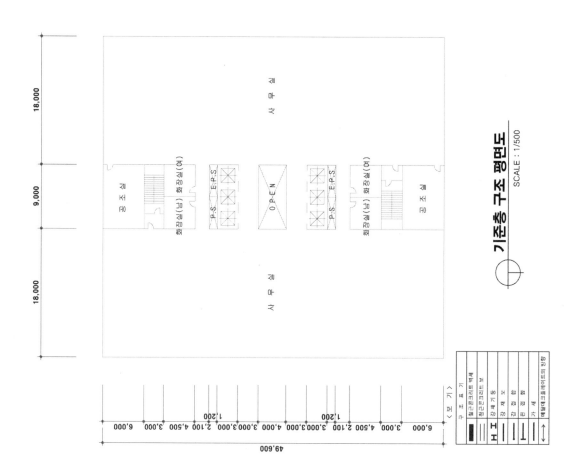

코어-벽체와 철골 접합상세도
SCALE : NONE

기둥-큰보-가새 접합상세도
SCALE : NONE

기준층 구조 평면도
SCALE : 1/500

02. 답안 및 해설

제목 : 업무시설의 구조계획

(1) 코어전단벽 및 철골 기둥계획

① 코어 전단벽
- 코어 부분은 RC 전단벽으로 계획한다.
- 개구부 및 홀의 상·하부에는 벽체 두께만큼의 인방보(Lintel)를 설치한다.

② 철골 기둥 계획
- 모서리 부분에 먼저 기둥을 배치한다.
- 코어 부분을 기준으로 하여 기둥간격을 결정한다.
- 이때 철골의 춤이 500mm이므로 기둥간격은 10m 이내가 되도록 계획한다.

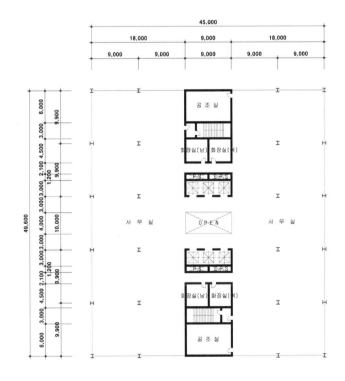

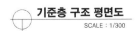

기준층 구조 평면도
SCALE : 1/300

(2) 철골 큰보계획

- 기둥과 기둥을 연결한다.
- 철골 기둥과 기둥은 강접합으로 계획한다.
- 철골 기둥과 RC 전단벽은 핀접합으로 계획한다.

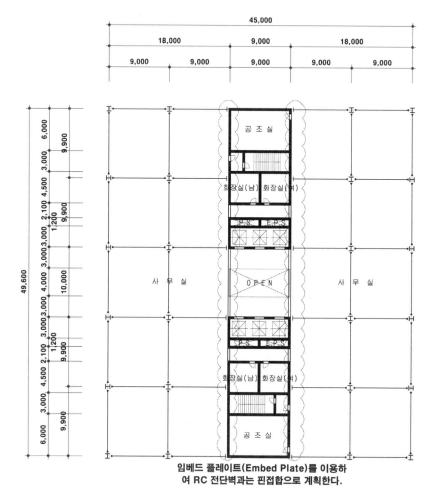

임베드 플레이트(Embed Plate)를 이용하
여 RC 전단벽과는 핀접합으로 계획한다.

기준층 구조 평면도
SCALE : 1/300

(3) 철골 작은보계획

- 작은보는 길이방향으로 길게 배치한다.
- 데크 플레이트 스팬이 3.5m 이내이므로 작은보의 간격은 3.5m 이내가 되도록 배치한다.
- 데크 슬래브의 시공성을 고려하여 작은보의 방향을 일정하게 배치한다.

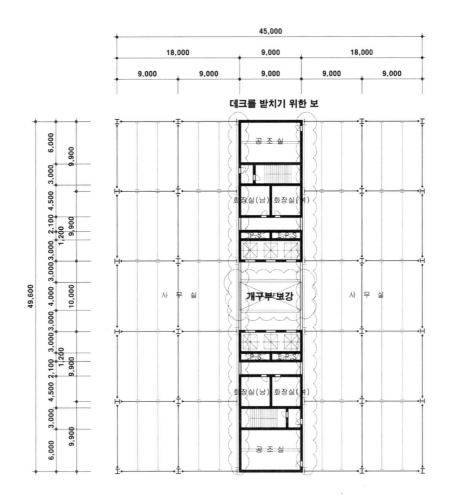

기준층 구조 평면도
SCALE : 1/300

(4) 횡좌굴 방지보, 가새 및 데크 골방향

- 횡력의 영향을 고려하여 수직가새를 배치한다.
- 데크 골방향은 작은보와 직각이 되게 표시한다.
- 10m를 초과하는 보에는 횡좌굴 및 처짐 방지보를 배치한다.

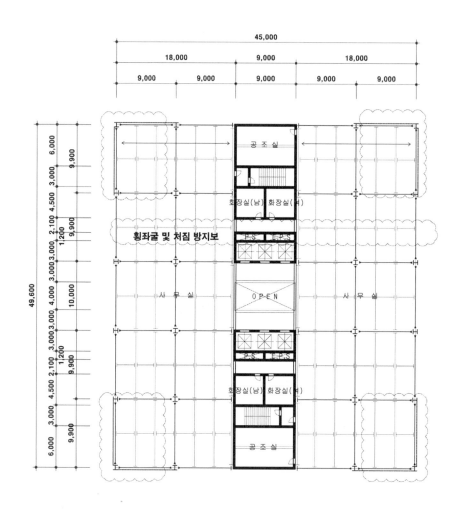

기준층 구조 평면도

SCALE : 1/300

(5) 상세계획

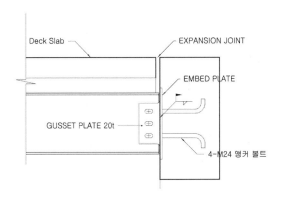

Deck Slab

EXPANSION JOINT

EMBED PLATE

GUSSET PLATE 20t

4-M24 앵커 볼트

코아벽체와 철골 접합상세도
SCALE : NONE

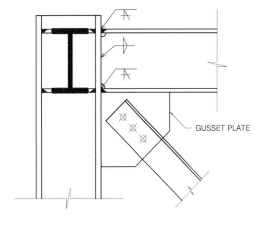

GUSSET PLATE

기둥-큰보-가새 접합상세도
SCALE : NONE

(6) 답안분석

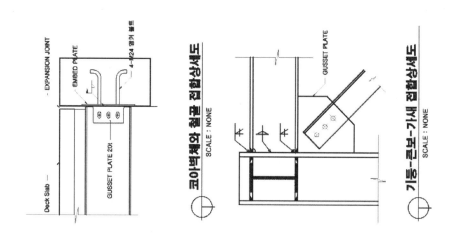

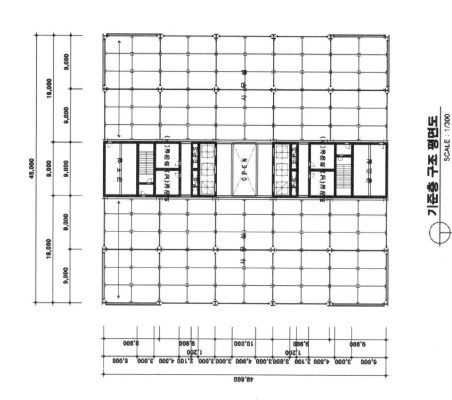

(7) 모범답안

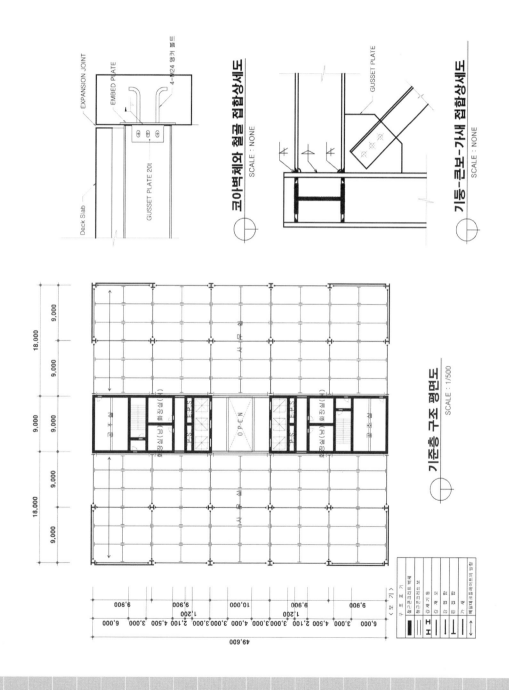

코아벽체와 철골 접합상세도
SCALE : NONE

기둥-큰보-가새 접합상세도
SCALE : NONE

기준층 구조 평면도
SCALE : 1/500

제5장

설비계획

1. 개요
01 출제기준
02 유형분석

2. 이론
01 천장시스템
02 조명설비
03 반자 그리드 및 조명등 배치
04 공조설비
05 공조설비계획
06 소방설비
07 스프링클러 헤드 배치계획
08 친환경설비계획
09 계획프로세스 및 체크리스트
10 사례

3. 익힘문제 및 해설
01 익힘문제
02 답안 및 해설

4. 연습문제 및 해설
01 연습문제
02 답안 및 해설

① 개요

01. 출제기준

◉ **과제개요**

각종 건축설비가 표현된 천장평면도 등을 작성하게 하여, 기계설비 · 전기설비 · 통신설비 등이 천장 내 · 외부 및 수직 설비공간에서 통합되는 방식에 대한 이해력을 측정하고, 설계 단계에서 설비기술사와 함께 건축설비 관련 설계를 진행하는 데 필요한 지식 습득 수준을 측정한다.

이 기준은 건축사자격시험의 문제출제 및 선정위원에게는 출제의 중심 내용과 방향을 반영하도록 권고 · 유도하고, 응시자에게는 출제유형을 사전에 파악하게 하기 위한 것입니다. 그러나 문제출제 및 선정위원에게 이 기준의 취지를 문자 그대로 반영하도록 강제할 수 없으므로, 응시자는 이 점을 참고하여 시험에 대비하시기 바랍니다.

– 건설교통부 건축기획팀(2006. 2)

02. 유형분석

1. 문제 출제유형(1)

✚ 소규모 건물의 천장모듈 설정 및 건축설비 배치

소규모 건물의 평면에서 천장재 규격에 따른 천장 모듈의 설정, 천장에 설치되는 설비 기구의 적정한 배치, 설비 기구 및 구조체와 겹치지 않는 덕트 라인 등을 만족하도록 천장을 설계할 수 있는 능력을 측정한다.

예. 내과 전문의원을 위한 평면을 제시하고, 천장높이와 천장시스템, 전등계획, 각 실의 급기와 배기 조건에 맞는 공조덕트계획과 전등설비계획을 도면으로 작성한다.

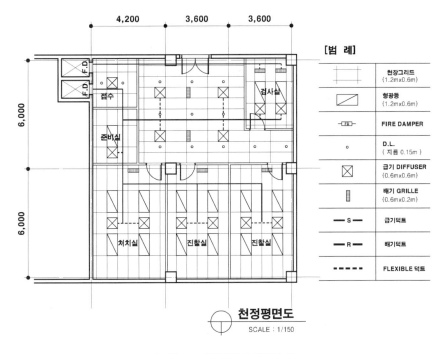

[그림 5-1 설비계획 출제유형 1]

2. 문제 출제유형(2)

✚ 고층 개방형 사무실 평면의 천장모듈 설정 및 건축설비 배치

대규모 건물에서 반복적으로 나타나는 설비 모듈을 계획하는 능력을 측정한다.

예. 오픈 플랜으로 사용하는 사무실과 칸막이로 구획된 사무실로 사용하고자 하는 임대사무
실 평면에 적합하고, 천장재, 천장높이, 조명형식, 급기 · 배기 조건, 스프링클러 설치 간
격 등을 만족하는 전등계획, 공조덕트계획을 도면으로 작성한다.

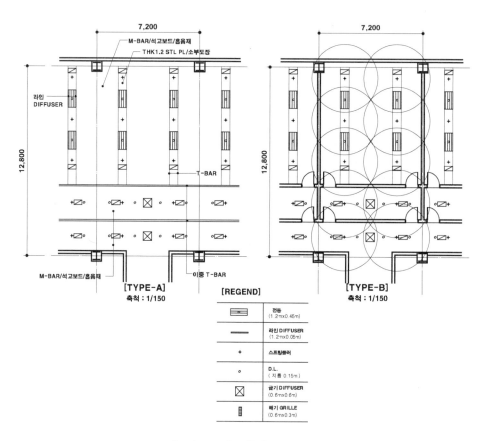

[그림 5-2 설비계획 출제유형 2]

3. 문제 출제유형(3)

✚ 기계 및 전기설비 조건을 반영한 천장 설계(기본설계 단계)

기본설계 단계에서 전기 및 기계설비 도면을 상호 검토하는 능력을 측정한다.

예. 천장높이와 조명방식을 변경하고자 하는 낙후된 시설에 대해 도중에 전달받은 기계 및
   전기설비 조건을 반영하며 천장을 설계한다.

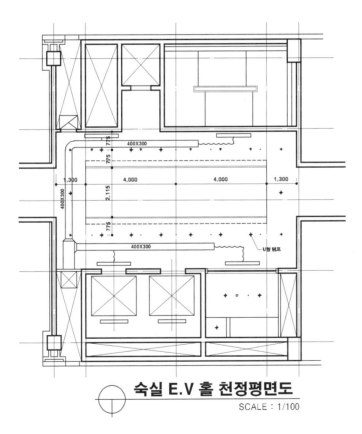

숙실 E.V 홀 천정평면도
SCALE : 1/100

[그림 5-3 설비계획 출제유형 3]

② 이론

01. 천장 시스템

1. 천장재 규격(조명계획과 동시 진행)

반자타일은 재료, 규격, 무늬 등이 다양하기 때문에 하나의 규격에 적용될 수 없으며 실의 용도, 크기 및 공사비를 고려하여 선정하게 된다.

주로 사용하는 규격은 0.3×0.3m, 0.3×0.6m, 0.6×0.6m, 0.6×1.2m, 1.2×1.2m 정도를 주로 사용하고 비정형이거나 일자형 금속판도 있다.

2. 반자에 설치된 설비요소

조명기구 비상조명기구 스피커 화재감지기 스프링클러헤드 디퓨저(아네모네형)

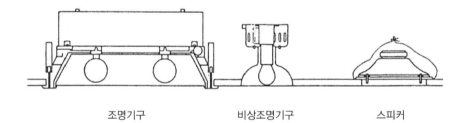

조명기구   비상조명기구   스피커

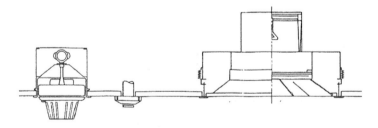

화재감지기 스프링클러헤드   디퓨저(아네모네형)

[그림 5-4 천장의 설비요소]

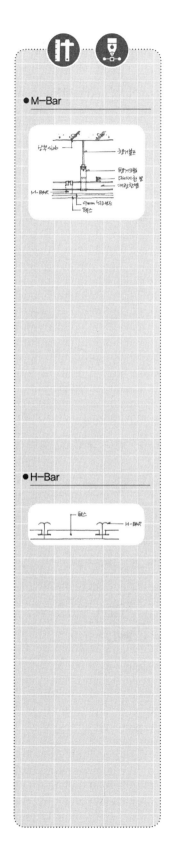

● M-Bar

● H-Bar

3. 반자타일 부착공법

(1) M-Bar System

석고보드 위에 접착제와 Stapple을 이용하여 시공함으로써 가장 견실한 구조이다. 로비, 식당, 연회장 등 특별실 혹은 피스를 노출시키는 소규모 공사에 적합하다.

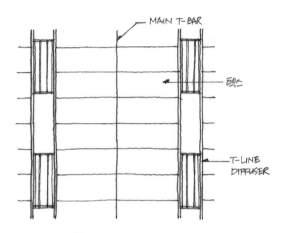

[그림 5-5 0.3×0.6m M-Bar형 천장]

(2) H-Bar System

홈이 파인 반자타일을 Bar에 끼워 넣는 방식이며 T-Bar와 병행하여 복합방식으로도 많이 시공한다. 등기구, 디퓨저 등을 T-Bar에 얹어 보강 이용하며, 디자인된 기준층 등에 적합하다.

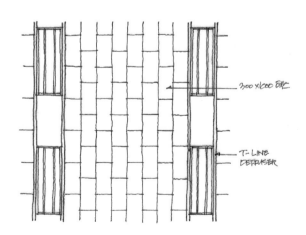

[그림 5-6 T-Line Diffuser + H-Bar형 천장]

(3) T-Bar System

천장 내부에 설치된 배선, 배관 등의 점검이 용이하고, 시공이 간단하며, 시공 후 유지관리 및 보수가 용이하다.

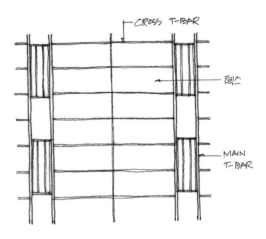

[그림 5-7 T-Bar System 천장]

(4) T · H-Bar System

소규격 제품을 연결하여 대규격화할 수 있는 공법으로 천장면의 조명 및 설비기구 기능을 집중 간략화할 수 있다.

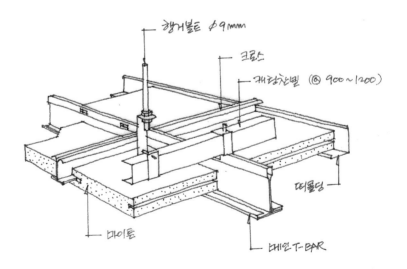

[그림 5-8 T · H-Bar System 천장]

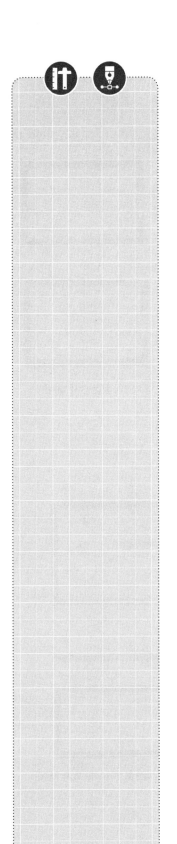

(5) 기타 반자 그리드 패턴

라인방식 크로스방식 반자모듈

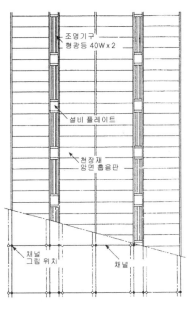

조명기구
형광등 40W x 2

설비 플레이트

천장재
암면 흡음판

채널
그립 위치

채널

라인방식

메인 T 바

크로스 T 바

매단위치

조명기구

취출구

크로스방식

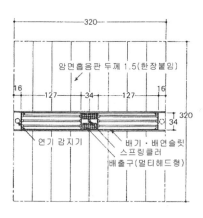

암면흡음판 두께 1.5(한장붙임)

320

16

127

34

127

16

320

34

연기 감지기

배기 · 배연슬릿
스프링클러
배출구(멀티헤드형)

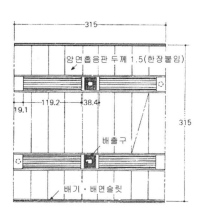

암면흡음판 두께 1.5(한장붙임)

315

19.1

119.2

38.4

315

배출구

배기 · 배연슬릿

반자모듈

[그림 5-9 기타 반자 그리드 패턴의 종류]

4. 반자의 배치방향(텍스의 장변기준)

(1) 채광방향에 따른 배치

① 채광방향에 평행배치

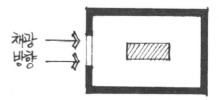

② 채광방향에 수직배치

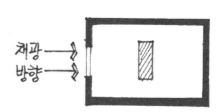

[그림 5-10 채광에 의한 반자 배치]

(2) 내부조건에 따른 배치

① 무대, 강단 등 고정된 조건
  • 무대(강단)면에 직각배치

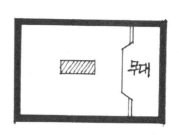

② 이동방향으로 배치-복도 등

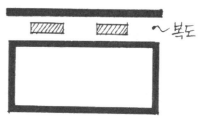

[그림 5-11 내부조건에 의한 반자 배치]

(3) 외부조건에 따른 배치

① 가로(도로)면에 따른 배치
- 도로면에 직각배치(원근법 고려)

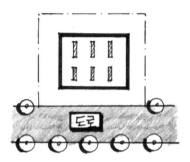 

[그림 5-12 외부조건에 의한 반자 배치]

5. 반자의 붙임방법

정열 붙임 혼열 붙임(0.3×0.6m 경우에만 사용)

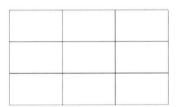 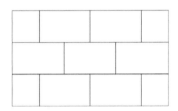

[그림 5-13 반자붙임의 종류]

02. 조명설비

1. 계획 원칙

(1) 천장 그리드 작성과 동시에 계획

(2) 기본원칙

① 반자 그리드 → 대칭배치
② 조명등 계획 → 균등 배치(균일한 조도 분포)

2. 조명의 용어 및 단위

(1) 광속(Luminous Flux)

사람의 눈에 보이는 빛을 광속이라 한다. 따라서 빛은 어떤 미립자의 흐름이고 전파라는 에너지의 진동으로서 에너지가 전파로 방사된 양을 방사속이라고 하지만 이것에 눈의 강도 필터를 끼워서 본 에너지의 양을 광속이라고 한다.
단위는 루멘(Lumen : lm)이며, 단위시간당 통과하는 광량이다.

(2) 광도(Luminous Intensity)

광원으로부터 발산되고 있는 단위입체각당의 광속 수를 말하며 진행방향의 단위입체각에 포함되어 있는 광속 수로서 광속의 입체 각 정밀도를 나타내는 단위(칸델라 cd)이며 기호는 I이다.

(3) 조도(Lumination)

빛의 비춰진 면에 들어오는 빛의 밝음 정도의 양이다. 즉, 단위면적당 입사하는 광속량을 조도(E)라 하며, 단위는 룩스(Lux)이다.

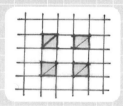

● 다운라이트
천장에 작은 구멍을 뚫어 그
속에 조명기구를 매입한 것

3. 조명등의 종류 및 규격

(1) 종류

형광등, 백열전구 및 이들을 이용한 다운라이트

(2) 규격

- 형광등 : $0.3 \times 1.2m$, $0.6 \times 0.6m$, $0.6 \times 1.2m$
- 다운라이트 : 지름 15cm, 20cm(백열전구, 장미형 형광램프 등을 이용)

4. 조명방식

[1] 조명기구 배치에 의한 분류

(1) 전반 조명

작업면 전반에 균등한 조도를 갖게 하는 방식으로 조명기구가 거의 일정한 높이와 간격으로 배치된다.(명시 조명을 요하는 사무실, 학교, 공장 등에 적용)

(2) 국부 조명

작업면의 필요 부분만을 고조도로 하는 방식으로 밝고 어두움의 차이가 커서 눈부심을 일으키고 눈이 피로하기 쉬운 단점이 있다.(주로 정밀공장의 기계부분, 전시장, 조립공장에 적용)

(3) 전반 · 국부 병용 조명

전반조명에 의하여 시각환경을 좋게 하고, 국부조명을 병용해서 필요한 장소에 고조도로 하는 방식이다.(주로 정밀공장, 실험실, 조립 및 가공공장 등에 적용)

[2] 조명의 목적에 따른 분류

(1) 명시 조명

시작업(눈으로 보는 것)을 할 수 있는 시각환경을 구성하는 것이 목적이다.

(2) 분위기 조명

취미나 기호까지 고려하여 보다 적극적인 즐거움을 조명에서 얻는 것이 목적이다.

[3] 배광에 의한 분류

광원으로부터의 배광분포에 따라 크게 직접, 간접, 전반확산 조명으로 나눌 수 있는데, 다음과 같은 특징이 있다.

(1) 직접조명방식

하향광속이 90% 이상으로 조명효율은 좋으나, 조도 분포가 불균일하다.

(2) 간접조명방식

하향광속이 10% 이하로 대부분의 광속이 천장반사에 의해 작업면에 이르게 된다.

(3) 반간접조명방식

확산 조도가 직사 조도에 비하여 비교적 많은 조명 방식이며 직접조명과 간접조명의 장점을 살려 보완된 방식이다.

(4) 전반확산 조명방식

하향광속비가 40~60%로 빛이 사방으로 골고루 퍼지는 조명방식이다.

(5) 조명기구의 배광

[표 5-1] 조명기구의 배광

조명	직접	반직접	전반확산	반간접	간접
백열등 기구배광	상방 0~10%	10~40%	40~60%	60~90%	90~100%
형광등 기구배광					
적응 장소	공장 다운라이트 천장매입	사무실 학교 상점	사무실 학교 상점	병실 침실 다방·바	병실 침실 다방·바

[4] 건축화 조명

건축화 조명은 반자, 벽, 기둥 등 건축부분을 디자인하여 실내를 조명하는 방식으로 눈부심이 적고 명랑한 느낌을 주며 현대적인 감각을 느끼게 하는 장점이 있는 반면 비용이 많이 들고 조명효율은 떨어진다.

• 각종 건축화 조명의 예

[그림 5-14 건축화 조명사례]

5. 조명등 배치계획

[1] 조명등의 간격에 의한 배치

직접 주어지거나 조도분포 다이어그램으로 산정한다.

(1) 직접 주어질 경우

조명등 중심 간의 간격 또는 단부 간의 간격이 직접 주어진다.

(2) 조도분포 다이어그램

주어진 조도에 적합한 조명등의 간격을 결정한다.

① 세로축 치수 : 광원에서 작업면(보통 바닥 위 0.85m)까지의 높이

② 가로축 치수 : 조명등으로부터의 빛의 확산거리

　　(형광등-끝단에서의 거리, 다운라이트-중심에서의 거리)

③ 조명등 사이의 간격은 확산거리의 2배

　　형광등 백열등

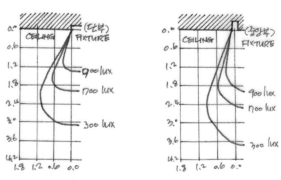

[그림 5-15 조도분포 다이어그램]

예 천장 그리드 0.6×1.2m, 천장고 2.7m, 작업면 높이 0.9m, 소요조도 700Lx 라면 배치 간격은?

① 형광등(0.6×1.2m) ② 백열전구

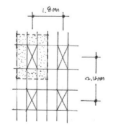 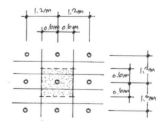

[그림 5-16 형광등 간격]　　　　　[그림 5-17 백열등 간격]

[2] 조명등의 개수에 의한 배치

직접 주어지거나 계산법(광속법)으로 산정

(1) 직접 주어질 경우

실별 개수가 직접 주어지거나 단위면적당 개수가 주어진다.

(2) 공식을 사용한 조명설계

실의 사용 목적에 맞게 소요 조도를 정하고 그 조도를 만족할 수 있도록 조명 기구를 배치하는 과정을 말하며 다음과 같은 순서에 의해 설계한다.

① 소요 조도, 광원, 조명 기구, 조명방식 등을 정한다.
② 실지수를 결정한다.
- 방의 크기와 형태에 따라 달라지며 실지수가 커지면 조명률도 커진다.
- 실지수=XY/H(X+Y)
③ X : 방의 가로 길이(m)
④ Y : 방의 세로 길이(m)
⑤ H : 작업면에서 광원까지의 높이(m)
⑥ 조명률(U)을 결정 : 실지수 및 반사율 등을 고려하여 조명률 표에서 찾는다.

[표 5-2] 조명률 사례(매입형 형광등)

반사율	천장	80%			50%			30%			0%
	벽	70	50	30	70	50	30	70	50	30	0%
	바닥	10%									0%
실지수		조 명 률									
0.6		0.46	0.35	0.28	0.42	0.34	0.28	0.41	0.33	0.27	0.22
0.8		0.54	0.44	0.37	0.50	0.42	0.36	0.48	0.41	0.36	0.30
1.0		0.60	0.50	0.44	0.56	0.48	0.43	0.54	0.47	0.42	0.336
1.25		0.65	0.61	0.55	0.65	0.58	0.53	0.62	0.57	0.52	0.47
1.5		0.69	0.61	0.55	0.65	0.58	0.53	0.62	0.57	0.52	0.47
2.0		0.74	0.67	0.62	0.70	0.64	0.60	0.67	0.63	0.59	0.54
3.0		0.79	0.74	0.70	0.75	0.71	0.68	0.73	0.70	0.67	0.62

● 실지수

천장이 높고 가로 세로가 좁을 경우 실지수가 작다.

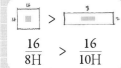

$$\frac{16}{8H} > \frac{16}{10H}$$

● 조명률

$$조명률 = \frac{작업면의 \ 광속}{광원의 \ 총광속}$$

④ 감광보상률(D)의 결정

조명기구는 사용함에 따라 작업면의 조도가 점차 감소한다. 이러한 감소를 예상하여 소요 광속에 여유를 두는데, 그 정도를 감광보상률이라 한다. 직접조명에서는 1.3~2.0 정도로 계산한다.

⑤ 광속법을 사용하여 광원의 개수를 계산한다.

$$N=\dfrac{E \cdot A \cdot D}{F \cdot U}$$

- N : 형광수(형광등 수가 아님에 주의)
- F : 광속(1m)
- U : 조명률
- E : 조도(Lx)
- A : 실면적
- D : 감광보상률

예 2구 형광등일 때 N=12.7 이면 형광구 수는 13개 적용 그러므로 형광등 수는 13÷2=6.5

이때 7개가 아니라 8개로 산정해서 대칭을 이루도록 한다.

6. 조명등 계획과 텍스방향 결정(텍스크기 : 0.6×1.2m)

[1] 계획순서

① 텍스방향 결정(□, ☐)
② 각 변의 길이/간격 : 등 개수 산정
③ 두 변의 중심에서부터 등 배치

[2] 형광등

(1) 두 중심간격이 1.8×2.4일 때

두 변을 1.8과 2.4로 나누어 정수에 가장 가까운 값이 나온 쪽에 0.6 또는 1.2텍스가 배치된다.

4.8÷1.8=2.67
4.8÷2.4=2.0 (적용)

5.4÷1.8=3.0 (적용)
5.4÷2.4=2.25

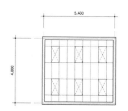

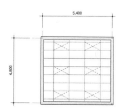

$9.6 \div 1.8 = 5.33$

$9.6 \div 2.4 = 4.0$ (적용)

$5.4 \div 1.8 = 3.0$ (적용)

$5.4 \div 2.4 = 2.25$

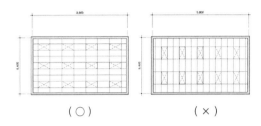

(○)　　　　　　(×)

[3] 백열등

(1) 등 간격이 텍스크기의 배수일 때(1.2 또는 2.4일 때)

① 두 변을 텍스크기로 나누어 모두 정수이면 장변에 0.6텍스를 배치한다.

$6.0 \div 0.6 = 10.0$

$6.0 \div 1.2 = 5.0$

$4.8 \div 0.6 = 8.0$

$4.8 \div 1.2 = 4.0$

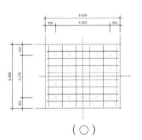 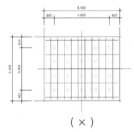

(○)　　　　　　(×)

(2) 등 간격이 텍스크기의 배수가 아닐 때(1.8 또는 3.0일 때)

등의 위치가 텍스의 중앙에 오지 못하고 1/4 또는 3/4지점에 위치한다.

① 홀수×짝수일 경우 : 홀수 개수 쪽에 0.6 텍스를 배치한다.

$5.4 \div 1.8 = 3.0EA \rightarrow 0.6$ 텍스 적용

$7.2 \div 1.8 = 4.0EA$

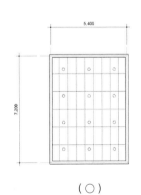

(○)　　　　　　(×)

● 벽 간격

벽 간격은 등 간격의 1/2 정도
로 계획한다.

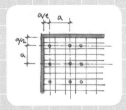

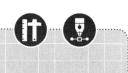

② 홀수×홀수일 경우 : 홀수 개수 쪽에 1.2 텍스는 원칙적으로 대칭배치가 안 된다.

5.4÷1.8=3EA

4.8÷1.8=2.6EA
(3EA)

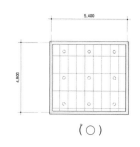
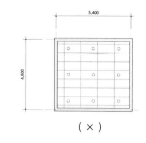

(○) (×)

③ 짝수×짝수일 경우 : 두 변 다 검토해서 쪽 타일이 적게 나오는 방향 선택한다.

6.6÷1.8=3.6(4EA)

3.6÷1.8=2EA

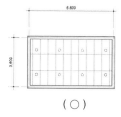
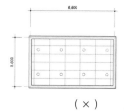

(○) (×)

03. 반자 그리드 및 조명등의 배치

1. 배치계획

① 계획범위는 벽체 중심선을 기준으로 하고 표현은 벽체 마감선 내로 한다.
　 문제조건에 실의 안목치수나 벽체 두께를 주는 등의 특수한 경우에는 상황에
　 따라 계획한다.

② 조명등이 실의 한 쪽으로 치우치지 않고 대칭배치가 되도록 반자 그리드와
　 조명등은 동시에 계획한다.

③ 문제에 주어진 조명등의 설치간격 조건에 일치하며, 조명등이 대칭 배치가
　 되도록 그리드를 분할한다.

　　• 주어진 실의 길이(또는 폭)를 반자의 길이(또는 폭)로 나누어 온장의 개수
　　　를 구한다. 만일 나머지가 생기면 2로 나누어 양끝에 배치한다.

　　• 조명등을 문제에 주어진 간격에 맞추어 배치한다.

　　• 대칭 배치가 안 될 경우 온장을 2로 나누어 양끝에 배치한 후 조명등을 다
　　　시 배치한다.

④ Down Light일 경우

　　• 설치간격이 그리드 크기의 배수이면 그리드 중간에 배치한다.

　　• 설치간격이 그리드 크기의 배수가 아니라면 한쪽(1/4, 3/4 지점 등)으로 편
　　　중배치 한다.

⑤ 조명등은 반자 그리드(천장틀)가 절단되지 않도록 그리드 내에 배치한다.

⑥ 벽측의 조명등은 벽에 붙거나 너무 인접하지 않도록 한다.

(특별한 조건 제시가 없다면 조명등 간 상호간격의 1/2 정도로 한다.)

2. 사례

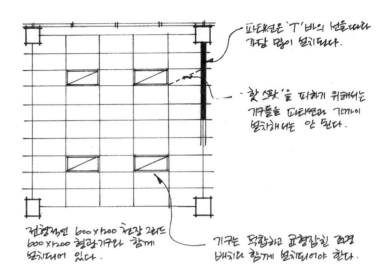

파티션은 `T`바의 선들에 따라 가장 많이 설치된다.

`핫 스팟`을 피하기 위해서는 기구들을 파티션과 가까이 설치해서는 안 된다.

전형적인 600×1200 천장 그리드 600×1200 형광기구와 함께 설치되어 있다.

기구는 적합하고 균형잡힌 조명 배치와 함께 설치되어야 한다.

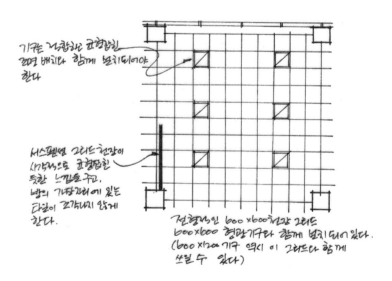

기구는 적합하고 균형잡힌 조명 배치와 함께 설치되어야 한다

서스펜션 그리드 천장이 시각적으로 균형잡힌 듯한 느낌을 주고, 벽의 가장자리에 있는 타일이 조각나지 않게 한다.

전형적인 600×600 천장 그리드 600×600 형광기구와 함께 설치되어 있다. (600×1200 기구 역시 이 그리드와 함께 쓰일 수 있다)

[그림 5-18 반자 그리드 및 조명등 배치]

04. 공조설비(HVAC)

1. 공조설비의 기본구성

[1] 공기조화의 정의

공기조화란 어떤 실의 사용목적에 적합한 상태로 온도, 습도, 기류 및 청정도를 조절·유지시키는 것을 말한다. 실내의 온도만을 조절하는 냉난방설비와는 구별된다.

(1) 공기조화의 조절대상

온도(가열, 냉각), 습도(가습, 감습), 기류, 청정도

(2) 공조기 각 부분의 역할

① 에어필터 : 청정도

② 공기가열기(가열코일) : 가열

③ 공기냉각기(냉각코일) : 냉각, 감습

④ 가습기 : 가습

⑤ 송풍기(FAN) : 기류

[2] 공기조화의 용도

(1) 쾌적용 공기조화(Comfort Air Conditioning)

인간의 쾌적한 거주 환경을 제공하기 위한 용도이다.

(2) 산업용 공기조화(Industrial Air Conditioning)

물품의 저장 및 생산을 위한 용도이다.

(3) 의료용 공기조화

의료활동 및 환자를 위한 용도이다.

●공조설비(HVAC)

① HVAC
  · Heating(난방)
  · Ventilating(환기)
  · Air-Conditioning(공기조화)

② 약어 설명
  · 급기(SA : Supply Air)
  · 환기(RA : Return Air)
  · 배기(EA : Exhaust Air)
  · 외기(OA : Outdoor Air)

③ 용어 구분
  · 환기(Return Air) : 공기조화가 되는 각 실에서 공조기로 되돌아가는 공기
  · 환기(Ventilation) : 실내의 오염된 공기를 신선외기와 교환하는 것

④ 환기팬(Return Fan)의 설치방법에 따른 공조기의 종류
  · 리턴팬 내장형 : 리턴팬이 공조기 내부에 들어가 있는 것
  · 리턴팬 분리형 : 리턴팬이 공조기와 분리되어 별도로 설치되어 있는 것

[3] 공기조화설비의 구성

① 공기조화장치 : 공기가열기, 공기냉각기, 가습기, 에어필터
② 공기반송장치 : 송풍기, 덕트, 공기취출구, 흡입구
③ 열반송장치 : 펌프, 배관 등
④ 열원장치 : 보일러, 냉동기, 냉각탑
⑤ 기타 : 자동제어장치 등

[그림 5-19 공조설비 사례]

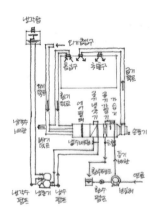

[그림 5-20 공기조화 설비의 구성도
(단일덕트 정풍량 방식)]

[4] 공기조화시 공기의 흐름

급기(SA)덕트 및 취출구를 통해 실내로 공급된 공기는 흡입구 및 환기(RA)덕트를 거쳐 공조기로 돌아온다. 이때 환기된 공기의 일부는 배기(EA)덕트를 통해 건물 외부로 버려지며 나머지는 외기(OA)덕트를 통해 도입된 신선외기와 혼합된다. 혼합된 공기는 공기여과기(Air Filter)를 통과하며 먼지 등이 걸러지고, 공기냉각기(Cooling Coil)를 통과하며 냉각·감습된다. 한편, 겨울에는 공기가열기(Heating Coil)를 통과하며 가열되고 가습기에서는 가습을 한다.

이와 같은 과정을 통하여 조절된 공기를 송풍기(Fan)가 급기(SA)덕트를 통해 실내로 공급하는 것이다.

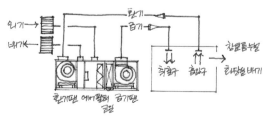

[그림 5-21 공기의 흐름]

● 공조실의 그림 부분

2. 공조조닝

[1] 조닝 개요

건축물에 작용하는 외부조건, 건물의 사용목적에 따라 요구되는 실내온·습도 조건이 다르므로 이 요구를 충족시키기 위하여 건축물 내를 몇 개로 또는 층별로 구분하여 설비를 한다. 이것을 조닝이라 하며 조닝을 상세하게 할수록 설비 비용은 더 들게 되나 에너지는 절약된다.

[2] 조닝의 종류

(1) 부하별 조닝

외기온도의 영향이 다른 건축물 내부를 외주부(외부존, Perimeter Zone)와 내주부(내부존, Interior Zone)로 나누고 다시 최상층, 중간층, 1층, 지하층 등 위치별로 구분한다.

(2) 방위별 조닝

일사, 일조 조건이 다른 동,서,남,북 측의 존으로 구분하는 방법

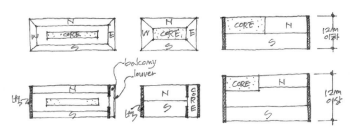

[그림 5-22 방위별 조닝]

(3) 사용시간별 조닝

각 실의 사용 시간대를 검토하여 같은 것끼리 구획짓는 방법

(4) 사용목적별 조닝

- 각 실의 사용목적에 맞추어 조닝한다.
- 예식홀과 식당은 한 층에 있더라도 사용시간 및 목적이 다르므로 별도 조닝한다.
- 전자계산실 등 특수한 부분을 구획 짓는다.

(5) 사용자별 조닝

사용자별로 조닝하여 운전 및 유지비의 부과를 편리하게 한다.
- 임대사무소 건물

● **방위별 조닝**

오피스빌딩의 경우 동·서측의 창을 작게 하여 오전·오후의 부하량을 감소시켜 효율적인 에너지 계획이 되도록 설계시 입면에 반영

● **공조 조닝의 종류**

- 부하별 조닝
- 방위별 조닝
- 사용 시간별 조닝
- 사용 목적별 조닝
- 사용자별 조닝

● **조닝의 복합적 사용**

보통 여러 가지 조닝이 단독으로 사용되기 보다는 복합적으로 사용된다.

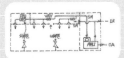

내부존(VAN)+외부존(FCU) 조닝의 예

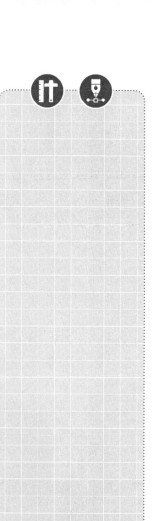

3. 공조방식의 종류

• 열의 분배 방법에 의한 분류 : 중앙식, 개별식
• 운반되는 열 매체에 따른 분류 : 전공기방식, 공기 · 수방식, 전수방식, 냉매방식
• 공조장치에 따른 분류 : 단일덕트(정풍량, 변풍량)방식, 2중덕트방식, 멀티존 유닛방식, 복사패널 덕트 병용방식, Package방식

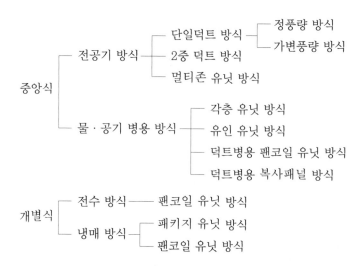

[1] 단일덕트 방식

1대의 공조기에 1개의 급기 덕트만 연결되어 여름에는 냉풍, 겨울에는 온풍을 송풍하여 공기조화하는 방식이다. 정풍량(CAV) 방식과 가변풍량(VAV) 방식이 있다.

(1) 정풍량 방식(Constant Air Volume System)

공조기에서 1개의 주 덕트를 통하여 냉 · 온풍을 각실로 보낼 때 송풍량은 항상 일정하며, 실내부하에 따라서 송풍온도만을 변화시켜 실내 온 · 습도를 조절하는 가장 기본적인 공조방식이다.

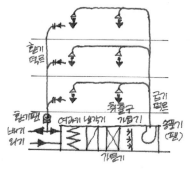

• 용도
바닥 면적이 크고 천장이 높은 곳에 적합하다(중대형 사무소 건물의 내부존, 극장 · 공장 등 단일 대공간, 백화점)

[그림 5-23 단일덕트 정풍량(CAV)방식]

(2) 가변풍량 방식(Variable Air Volume System)

각 실별로 또는 존별로 덕트의 말단에 VAV 유닛을 설치하여 송풍온도는 일정하게 하고, 실내부하의 변동에 따라 송풍량만을 변화시키는 방식으로 에너지 절약형이다.

• 용도 : 부하변동이 많은 사무소 건물

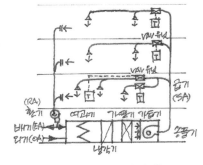

[그림 5-24 가변풍량 방식]

[2] 팬코일 유닛 방식(Fan Coil Unit System)

팬코일 유닛방식은 전동기 직결의 소형 송풍기(Fan), 냉·온수 코일 및 필터 등을 구비한 실내용 소형공조기를 각 실에 설치하여 중앙기계실로부터 냉수 또는 온수를 공급하여 공기 조화를 하는 방식이다.

• 용도

호텔의 객실, 병원의 입원실 및 사무실 등 실이 많은 건물의 외부존에 많이 적용되고 있다. 그러나 극장 같은 대공간에는 부적당하며, 유닛이 실내에 설치되므로 방송국 스튜디오에는 부적당하다.

한편 팬코일 유닛만으로는 외기인입이 불가능하기 때문에 대부분 단일덕트 방식과 병용하여 쓰고 있는데, 이를 덕트 병용 팬코일 유닛방식이라 한다.

[그림 5-25 팬코일 유닛 방식]

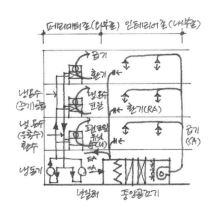

[그림 5-26 팬코일 유닛]

●F.C.U

팬 코일 유니트

4. 덕트의 형상 및 배치방식

[1] 덕트의 종류

덕트를 풍속, 형상 및 사용 목적에 따라 분류하면 다음과 같다.

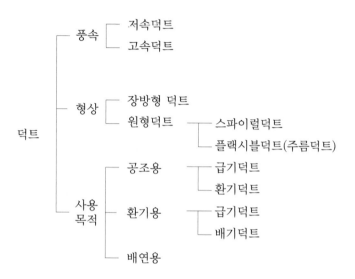

(1) 공기 풍속의 크기에 따른 분류

① 저속 덕트방식 : 덕트 내의 풍속이 15m/s 이하로 일반 건물에 적용된다.

② 고속 덕트방식 : 덕트 내의 풍속이 15~20m/s로 고압이며 소음이 발생한다. 소음이 문제되지 않을 공장, 창고 또는 차량, 선박, 고층 빌딩 등 스페이스를 크게 취할 수 없는 곳에 적용된다.

(2) 덕트 형상에 따른 분류

덕트의 형상은 장방형이나 원형이며, 최근에는 스파이럴 원형 덕트도 사용되고 있다.

① 장방형 덕트

스페이스에 따른 형상 제한을 적당하게 조절, 종횡 치수를 선정할 수가 있으므로 편리하나 반면에 강도 면에서 약해지므로 고속·고압을 채용하는 경우에는 반드시 보강을 고려해야 한다.

② 원형 덕트

강도 면에서는 우수하나 스페이스 면에 있어서 대형의 것은 제한을 받는 경우가 있다. 고속 덕트인 경우에는 원형 덕트가 유리하며 스파이럴 원형 덕트는 강도 면에서 내압에 약하므로 고압덕트에는 부적당하다. 덕트용 재료로는 가장 일반적인 것이 아연 도금 철판이며, 알루미늄판·동판 등도 사용되나 특수한 경우에만 한정된다.

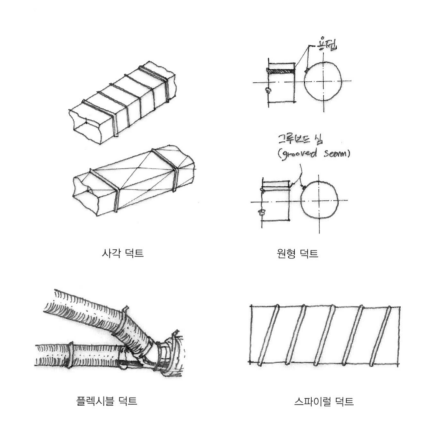

사각 덕트   원형 덕트

플렉시블 덕트   스파이럴 덕트

[그림 5-27 덕트 형상의 분류]

[2] 덕트의 배치

(1) 주덕트, 분기덕트, 플렉시블덕트로 구성 : 직각배치

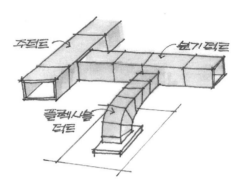

[그림 5-28 덕트의 형상]

(2) 복도가 있는 경우 가급적 주덕트는 복도에 배치한다.

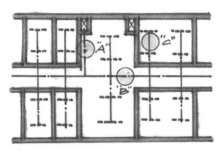

[그림 5-29 덕트의 배치]

(3) 층고가 다른 실은 별도의 덕트라인을 계획한다.

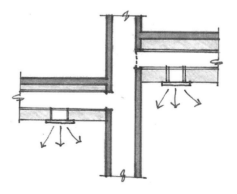

[그림 5-30 층고가 다른실의 덕트 계획]

(4) 방화구획 관통시 방화댐퍼, 주덕트에서 분기시 풍량조절 댐퍼 설치한다.

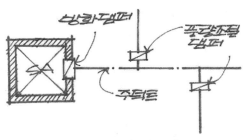

[그림 5-31 댐퍼의 종류]

① 방화댐퍼(Fire Damper)

방화댐퍼는 화재 발생시 덕트를 통하여 다른 실로 연소되는 것을 방지하기 위해 쓰이는 것이며, 덕트 내의 공기 온도가 72℃ 정도 이상이면 댐퍼 날개를 지지하고 있던 가용편이 녹아서 자동적으로 댐퍼가 닫히도록 되어 있다.

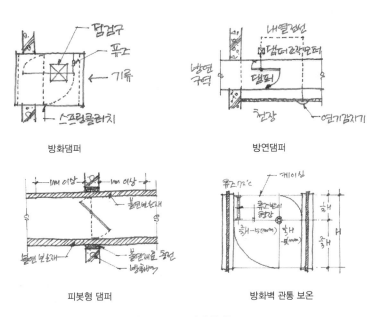

[그림 5-32 방화댐퍼]

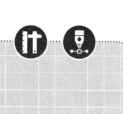

② 풍량조절 댐퍼(Volume Damper)

풍량조절 댐퍼는 덕트 내를 흐르는 풍량을 조절 또는 폐쇄하기 위해 쓰이는 부속품으로 다음과 같은 것이 있다.

- 단익댐퍼(Single Blade Damper)
  이것은 버터플라이 댐퍼(Butterfly Damper)라고도 하며 주로 소형 덕트에 사용된다.

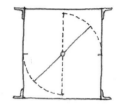

[그림 5-33 단익댐퍼]

- 다익댐퍼(Multi Blade Damper)
  일명 루버 댐퍼(Louver Damper)라고도 하며 2개 이상의 날개를 가진 것으로 대형 덕트에 사용된다.

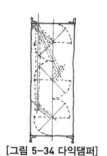

[그림 5-34 다익댐퍼]

- 스플릿 댐퍼(Split Damper)
  덕트분기부에서의 풍량 조절에 사용된다.

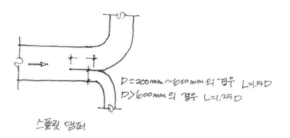

[그림 5-35 스플릿 댐퍼]

(5) 고정덕트는 가급적 디퓨저 상부를 지나지 않도록 한다.

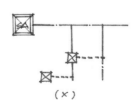

[그림 5-36 고정덕트 댐퍼]

(6) 작은 덕트가 보 관통시 휨모멘트 제로(0)인 1/4 지점이나 전단력이 제로 (0)인 1/2 지점으로 관통시킨다.

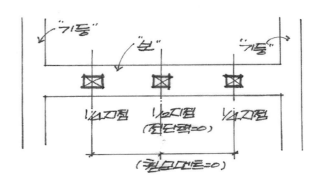

[그림 5-37 덕트의 보관통]

(7) 최단거리로 덕트를 배치한다.

(8) 천창, 우물천장에는 덕트를 배치하지 않는다.

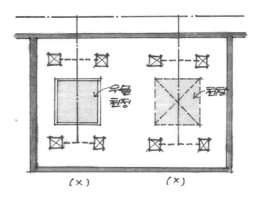

[그림 5-38 우물천장과 덕트]

[3] 덕트의 배치방식

(1) 간선 덕트 방식

간선 덕트 방식은 1개의 주 덕트에 각 급기구가 직접 고정된다.

시공이 용이하며, 설비비가 싸고, 덕트 스페이스도 비교적 적어 공조 · 환기용에

가장 많이 사용된다.

(2) 개별 덕트 방식

개별 덕트 방식은 각실에 덕트 급기구를 배치하는 방식이며, 풍량이 많이 필요

한 실에는 2개 이상도 설치한다.

가격 · 시공면의 장점은 있지만, 많은 덕트 스페이스가 필요한 결점이 있다.

(3) 환상 덕트 방식

환상 덕트 방식은 2개의 주 덕트를 환상으로 연결하여 말단부 급기구에서 풍량

의 불균형을 개량한 방식인데, 제각기 주 덕트를 단독으로 사용할 수 없는 단점

이 있다.

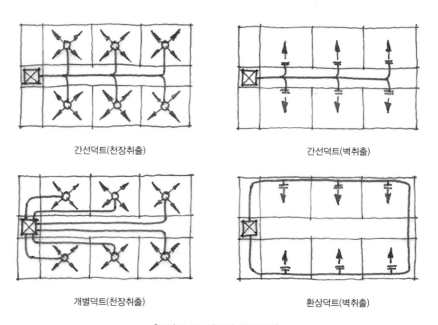

간선덕트(천장취출)　　　　　　간선덕트(벽취출)

개별덕트(천장취출)　　　　　　환상덕트(벽취출)

[그림 5-39 덕트의 배치방식]

5. 환기방식

(1) 덕트리턴(Duct Return, 덕트환기) 방식

천장면의 환기용 흡입구와 환기 덕트가 연결되어 있어 실내공기가 천장 속 공간에 노출되지 않고 덕트를 통하여 공조기로 환기되는 방식이다. 덕트가 복잡하며 시공비가 비싸다.

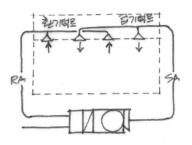

[그림 5-40 덕트리턴방식]

(2) 플래넘 리턴(Plenum Return, Ceiling Return, 천장 내 환기) 방식

천장 내에 환기 덕트가 없으므로 환기용 흡입구를 통과한 실내 공기는 천장 속 공간을 지나 환기 주 덕트 끝에 설치된 환기용 그릴이나 레지스터 등을 통해 공조기로 환기된다.

덕트가 간단하며 시공비가 싸지만 천장속이 이웃 존과 벽 등으로 구분되어 있어야 하며 또한 천장 속의 이물질(단열재 입자, 먼지)등이 공조기로 들어올 수 있다.

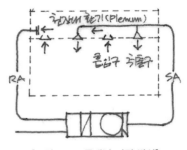

[그림 5-41 플래넘 리턴 방식]

6. 취출구와 흡입구

[1] 디퓨저 배치

(1) 취출구(급기)

창문쪽(별도 존 없을 때)에 배치 : 각형, 원형, 선(Line)형

(2) 흡입구(환기)

취출구와 이격(최소 1.2m) 하여 배치 : 각형, 원형, 그릴

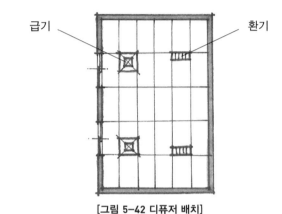

[그림 5-42 디퓨저 배치]

• 냉 · 난방 부하 큰 곳
• 외기에 면한 쪽

(3) 취출구, 흡입구는 하나씩, 한줄씩 교대로 배치한다.

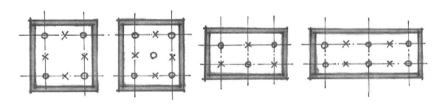

[그림 5-43 디퓨저 배치방식]

[2] 급기량과 취출구 수의 산정 및 배치

(1) 취출구 수 산정순서

① 실의 냉방부하를 계산한다.

② 계산된 냉방부하 중 현열부하를 이용하여 풍량을 계산한다.

③ 취출구의 종류를 정한다.

- 실의 용도 및 특징, 부하의 특성, 천장틀의 종류 등에 따라 계산된 풍량 및 취출구 성능표를 이용하여 적정 취출구 수를 개략 정한다.
- 취출구 종류나 크기에 따라 적정 풍량이 다르나 취출구 1개당 풍량을 크게 할수록 취출구 수는 적게 들어가지만 풍속이 빨라야 하므로 소음이 나고 기류분포가 좋지못하다.

④ 취출구를 배치한다.

실의 형태 및 조명등의 배치 등 천장 모듈에 맞추어 배치하여야 하므로 산정된 취출구 수가 약간 조정될 수 있다.

⑤ 흡입구를 배치한다.

급기구와 인접하지 않도록 한다.

(2) 취출구 및 흡입구의 배치 원칙

특별한 원칙은 없으나 조명등의 배치 등 천장 모듈에 맞추어 배치되어야 하며 취출구와 흡입구는 너무 인접하지 않도록 한다. 취출구와 흡입구는 하나씩 또는 한 줄씩 교대로 설치하는 경우도 있고, T-bar 등을 쓸 때는 천장에 좁고 긴 홈 (개구부, Open부분)을 만들어 주는 경우도 있다.

●: 취출구   ○: 흡입구

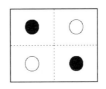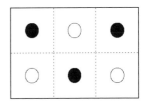

[그림 5-44 배치 원칙]

05. 공조설비계획

1. 취출구 및 흡입구의 배치계획

반자 그리드와 조명등 배치계획이 완성된 상태에서 각 실별로 취출구와 흡입구 수를 파악한 후

① 취출구 배치 → 흡입구 배치 → 주 덕트 → 분기 덕트 → 플렉시블 덕트 → 댐 퍼 설치 등의 순으로 계획한다.

② 부하가 큰 창문 쪽에 취출구를 배치한다. 외부존이 별도 공조일 때는 관계 없음

③ 취출구와 흡입구는 너무 인접하지 않도록 배치한다.

④ 취출구와 흡입구는 하나씩 또는 한 줄씩 교대로 설치한다.

⑤ 하나의 실내에서 취출구와 흡입구는 가능한 한 열을 맞추되 실의 한쪽 방향 으로 편중 배치되지 않도록 한다.

2. 덕트의 배치계획

덕트의 경로 제한이나 플렉시블 덕트의 길이 제한 등 문제조건을 파악한 후

① 급기(SA) 덕트가 길고 복잡하므로 먼저 계획한다.

　수직 덕트로부터 건물의 길이 방향으로 주 덕트를 배치한 후 취출구 위치에 따라 필요한 곳에 분기 덕트를 설치한다.

② 환기방식이 덕트리턴방식인지 플래넘리턴방식인지를 이해한 후, 환기(RA) 덕트를 계획하고 필요에 따라 배기 덕트 등을 계획한다.

③ 덕트리턴방식일 경우 급기(SA) 덕트와 환기(RA) 덕트가 교차되지 않도록 한다.

④ 복도 등 건물 일부분의 천장고가 낮은 경우에는 그 곳으로 주덕트를 배치한다.

⑤ 플렉시블을 포함한 모든 덕트 경로는 직각으로 표현하며 가능한 한 짧은 경 로로 한다.

⑥ 취출구는 주 덕트에 접속하지 말고 플렉시블 덕트를 통해 분기 덕트에 접속 한다.

⑦ 플렉시블 덕트의 제한 길이에 맞추어 취출구, 흡입구 또는 분기 덕트의 위치 를 조정한다.

⑧ 문제 조건에 따라 덕트 분기부에는 풍량조절 댐퍼(VD), 방화구획 관통 부분 에는 방화 댐퍼(FD) 또는 방화 볼륨 댐퍼(FVD)를 설치한다.

3. 덕트의 단면적 산정법

(1) 급·배기구 배치 및 덕트경로 산정

(2) 실내 필요 급기량 산정

- 실내 필요 급기량(m^3/h)

$=$급·배기구 1개의 풍량(m^3/h)×수량(급·배기구)

$=$실내체적(m^3)×환기횟수(회/h)

└── 면적(m^2)×천장고(m)

(3) 덕트의 단면적 산정

$$A=\frac{Q}{V \times 3,600}$$

- Q : 덕트 내 공기량(m^3/h)
- A : 덕트의 단면적(m^2)
- V : 덕트 내 공기속도(m/sec)

(덕트의 단면적은 공기량에 비례, 풍속에 반비례)

① 덕트의 형상별 단면적 산정

- 원형 덕트

- 장방형 덕트(3 : 1)

- 정방형 덕트

지름 : D

$$A = \pi r^2$$

$$= \pi \left(\frac{D}{2}\right)^2$$

$$= \frac{\pi D^2}{4}$$

$$\therefore D = \sqrt{\frac{4A}{\pi}}$$

$$A = 3a^2$$

$$\therefore a = \sqrt{\frac{A}{3}}$$

$$A = a^2$$

$$\therefore a = \sqrt{A}$$

06. 소방설비

1. 소화설비

(1) 소화의 방법

●소화의 방법

・냉각 소화
・질식 소화
・제거 소회
・희석 소화

연소는 가연물, 산소, 열의 세 조건이 만족될 때 일어나며, 소화는 이들 세 요소 중 하나 이상을 제거 또는 희석시킴으로써, 연소를 정지 및 억제시키는 것이다. 이에 따라 소화 방법은 다음과 같이 4가지로 분류된다.

① 냉각소화 : 액체 또는 고체를 사용하여 열을 내리는 방법
② 질식소화 : 포말이나 불연성 기체 등으로 연소물을 감싸 산소를 차단하는 방법
③ 제거소화 : 가연물을 제거하는 방법
④ 희석소화 : 산소 농도와 가연물의 조성을 연소 한계점보다 묽게 하는 방법

(2) 소방시설의 종류

●소방설비의 종류

・소화설비
・경보설비
・피난설비
・소화용수설비
・소화활동설비

소방시설은 소방법 시행령에서 소화설비, 경보설비, 피난설비, 소화용수설비, 소화활동설비로 나누고 있다.

[표 5-4] 소방시설 종류

구 분		소방용 설비의 종류
소방에 필요한 설비	소화 설비	・소화기 및 간이 소화용구(물양동이, 소화수통, 건조사, 팽창질석, 소화약제) ・물분무 소화설비, 포소화설비, 이산화탄소 소화설비, 할로겐화합물 소화설비, 분말 소화설비 ・옥내소화전 설비　　　　・스프링클러 설비 ・옥외소화전 설비　　　　・동력 소방펌프 설비
	경보 설비	・비상 경보설비(비상벨, 자동식 사이렌, 방송설비) ・자동 화재탐지 설비　　　・전기화재 경보기 ・자동 화재속보 설비
	피난 설비	・미끄럼대, 피난사다리, 구조대, 완강기, 피난교, 피난밧줄, 기타 피난기구 ・방열복, 공기호흡기 등 인명구조장구 ・유도등 또는 유도 표지　　・비상 조명등
소화 용수설비		・소화수조, 저수지 기타 소화용수 설비 ・상수도 소화용수 설비
소화 활동설비		・배연설비　　　　　　　・연결 송수관설비 ・연결 살수설비　　　　　・비상 콘센트설비 ・무선통신 보조설비

●연결송수구

2. 스프링클러 설비

[1] 특 징

스프링클러 헤드를 실내 천장에 설치해, 67~75℃ 정도에서 가용합금편이 녹으면 자동적으로 화염에 물을 분사하는 자동소화설비이다.

동시에 화재 경보장치가 작동하여 화재발생을 알림으로써 신속히 대피를 하거나 화재를 초기에 진압할 수 있다.

스프링클러 설비의 장단점은 다음과 같다.

① 장 점
- 자동 소화설비이므로 초기 화재에 절대적이다.
- 사람이 없는 야간에도 화재를 감지하여 소화한다.
- 감지부의 구조가 기계적이므로 오동작 · 오보가 적다.

② 단 점
- 초기 시공비가 많이 든다.
- 물로 인한 2차 피해가 발생할 수 있다.

[2] 스프링클러 헤드의 설치간격(정방형 배치시)

[표 5-5] 헤드 설치 간격

건물의 용도 및 구조	각 부분에서의 수평거리(m)	헤드의 간격(m)	방호 면적(m²)
무대부, 특수가연물 취급장소	1.7	2.40	5.76
내화구조가 아닌 건축물	2.1	2.96	8.76
내화구조 건축물	2.3	3.25	10.56
아파트	3.2	4.52	20.43

① 스프링클러 헤드 하나가 소화할 수 있는 면적은 건물의 용도 및 구조에 따라 다르나 내화구조의 일반 건축물일 경우 약 $10m^2$로 본다.

② 스프링클러 헤드의 배치법 정방형 배치 지그재그형 배치

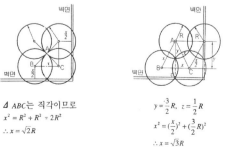

ΔABC는 직각이므로
$$x^2 = R^2 + R^2 = 2R^2$$
$$\therefore x = \sqrt{2}R$$

$$y = \frac{\sqrt{3}}{2}R, \ z = \frac{1}{2}R$$
$$x^2 = (\frac{x}{2})^2 + (\frac{\sqrt{3}}{2}R)^2$$
$$\therefore x = \sqrt{3}R$$

[그림 5-45 배치법]

3. 스프링클러 헤드 배치방법

[1] 스프링클러 헤드 배치의 순서

① 실의 모서리에 컴파스의 중심을 대고 주어진 설치 거리를 반지름으로 하는 원을 그린다.

② 반원의 내부에서 조명등이나 취출구가 설치되지 않은 적절한 지점을 찾아 그 지점을 중심으로 하는 원을 그린다.
- 그리드의 한쪽으로 치우치지 않는 지점을 선택한다.
- 만일 이 원이 실의 중심까지 Cover할 정도로 좁은 실(예를 들어 복도 등)이면 중심선을 따라 일렬 배치도 가능하다.
- 컴파스의 중심 즉, 원의 중심이 스프링클러 헤드 배치 지점이 된다.

③ 실의 반대편 같은 위치에 원을 그린다.
- 평면상 좁은 쪽을 먼저 계획하는 것이 편리하다.

④ 양 지점 사이에 선을 긋고 그 선상에 중심을 두는 원을 그려 양 지점 사이를 채우되 한 지점을 정한 후에는 다시 그 반대측 지점을 정한다.(실의 바깥쪽부터 안쪽으로 진행)
- 빈 곳이 생기지 않도록 한다.
- 가능하면 헤드 설치 간격이 등간격이 되도록 한다.

⑤ 1열의 배치가 끝나면 실의 반대편에 대칭이 되도록 헤드 설치지점을 찾아 원을 그린다.

⑥ 중간 부분에 원을 그려 양측 사이를 채운다.
- 이 때에도 실의 바깥쪽부터 안쪽으로 진행한다.

⑦ 여러 개의 실일 경우 각 실마다 별도로 계획한다.

[2] 스프링클러 헤드 배치방법

(1) 설치반경 a, 1개 소화면적 $\sqrt{2}a \times \sqrt{2}a = 2a^2$

- 실면적을 소화면적($2a^2$)으로 나누면 필요 개수
  산출
    예 6.75(7EA 최소 개수)
      → 8(2열 배치)

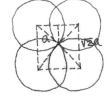

[그림 5-46 소화면적 산정]

- 실 형태에 따라 배치 배열 가정

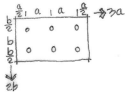
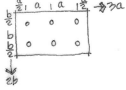

[그림 5-47 배치 배열 가정]

- 피타고라스 정리 이해

[그림 5-48 파타고라스 정리]

- 텍스 배치와 소화설비 배치의 검토
- 텍스라인에 걸친 경우 조정

(2) 가급적 줄을 맞추어 배치한다.

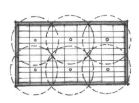

[그림 5-49 스프링클러 헤드 배치]

(3) 텍스 1장에 디퓨저와 함께 배치 가능

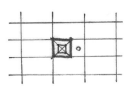

[그림 5-50 디퓨저 고려]

07. 스프링클러 헤드 배치계획

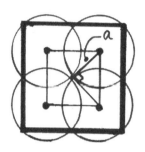

[그림 5-51 살수변경]

- 살수반경 : a
- 헤드간격 : $\sqrt{2}a$
- 방호면적 : $2a^2$

1. 면적에 의한 계산

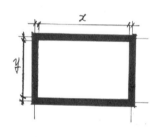

[그림 5-52 면적계산]

- 면적 : $(x \times y) / 2a^2$
  (안목치수면적) / (방호면적)
  $\Rightarrow$ 정방형 배치시 최소 개수

2. 헤드 간격에 의한 계산

- 가로변 안목치수 : $x / \sqrt{2}a \Rightarrow A$
- 세로변 안목치수 : $y / \sqrt{2}a \Rightarrow B$

　　헤드 개수 : A×B개

∴ 면적에 의한 최소 개수와 헤드 간격에 의한 개수 사이에서 다른 설비요소들
　과 겹치지 않게 헤드를 배치한다.

08. 친환경 설비계획

[1] 조명

(1) 자연채광을 위한 광원

① 직사일광
- 강한 방향성을 지니며 태양의 고도와 대기상태에 따라 그 강도가 변화되는 광원이다.
- 광선반, 루버, 거울 등의 설비형 채광장치를 사용하여 강도와 방향을 조절하는 적극적인 채광설계를 이용하여 사용한다.

② 천공광
- 확산광원으로서 다소 변동성은 있으나 직사일광에 비해 외부기상조건에 관계없이 얻을 수 있는 안전한 광원이다.

③ 반사광
- 땅이나 주변 물체들로부터 반사된 광원이다.

[표 5-6] 자연광과 인공광의 비교

자연광	인공광
• 시간적, 위치적으로 제약받는다. – 낮에만 이용가능하고 창문 근처에서만 채광이 가능하다. • 광원이 안정되어 있지 않다. – 계절, 날씨, 태양 고도에 의해 밝기와 광원색이 바뀐다. • 변화되는 광원으로 생명력과 자연의 일상변화를 느낄 수 있다. • 창을 통해 외부의 전망과 통풍, 환기효과도 볼 수 있다.	• 시간적, 위치적으로 제약을 받지 않는다. • 광원이 항상 안정되어 있다. • 일시적인 사무, 작업, 학습능률에서 집중력을 주나 장시간 사용시 변화없는 특징으로 답답함과 피로감을 준다.

(2) 설비형(Active) 자연채광

① 정의 : 창을 통한 자연형 자연채광을 할 수 없는 지하공간이나 기타 건축공간에 하드웨어를 이용하여 자연광을 도입하는 방식이다.

② 구성 : 집광부 – 태양을 추적하여 빛을 수집
전송부 – 수집된 빛을 전달
산광부 – 실내공간에 전송된 빛을 조명

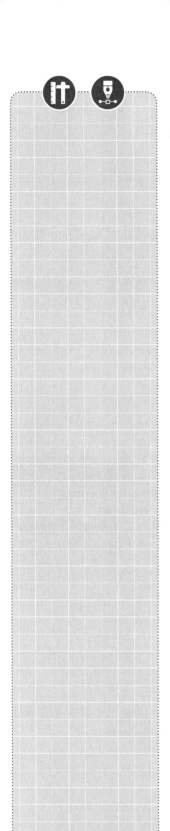

③ 분류 : 반사경방식, 광섬유방식, 광덕트방식, 썬스쿠프방식

• 반사경방식

고반사율의 거울을 사용하여, 빛을 일정한 각도로 실내에 보내도록 된 장치이다.

– 장점 : 시공이 간단하며, 가격이 저렴하고, 비교적 높은 채광효율로 실내채광이 가능하다.

– 단점 : 사용범위가 한정된다.

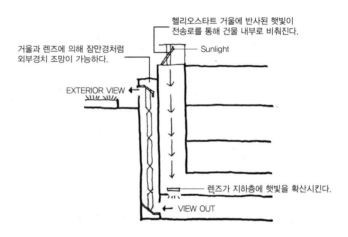

[그림 5-53 반사경방식]

• 광섬유방식

태양광 집광추적장치에서 태양을 자동으로 추적해 광학렌즈를 사용하여 태양광을 집광하고, 묶어놓은 광섬유케이블을 통하여 필요한 곳에 태양광을 보내는 자연채광장치이다.

[그림 5-54 광섬유방식]

• 광덕트방식

곡면경이나 평면경으로 모은 태양광을 반사율이 높은 거울면 모양으로 된 스테인리스 튜브나 금속제 사각형 덕트를 통하여 원하는 곳에 빛을 비추는 방법이다.

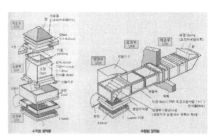

[그림 5-55 광덕트방식]

• 썬스쿠프방식

건물 외부 입면에 태양광을 향하게 장치하여, 1년 내내 태양을 추적하여 컴퓨터 제어에 의해 반사된 태양광을 집광하여 위로 빛을 전달하고, 개방된 상부에서 내부의 썬스쿠프로 전달하여 실내를 채광하는 방식이다.

[그림 5-56 썬스쿠프방식]

(3) 기타 자연채광방식

① 분류 : 광선반과 반사경, 아트리움, 광정 등

• 광선반과 반사경

창으로 유입된 태양광을 실내 천장면으로 반사시켜 자연채광을 실내 안쪽 부분까지 깊숙이 도입시키는 장치이다.

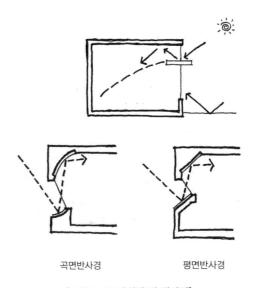

곡면반사경   평면반사경

[그림 5-57 광선반 빛 반사경]

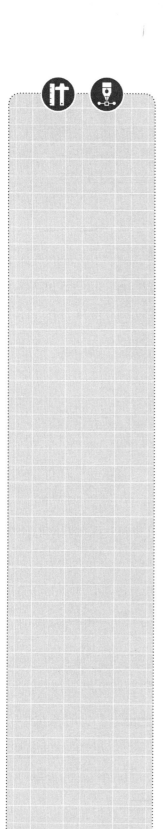

• 아트리움

건물의 중앙홀로서 건물 내부에 존재하며 옥외광장과 같은 분위기와 공간적 기능을 갖는다. 시야의 확보나 환기, 조명등의 부수적인 장점을 활용하는 건축 형태이다.

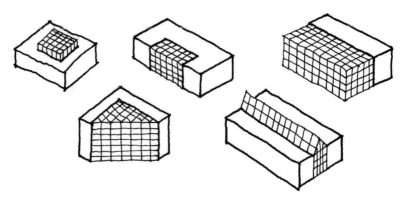

[그림 5-58 아트리움]

• 광정

건물의 중앙부를 우물처럼 도려낸 것으로 광정 상부에 입사한 주광을 저층부까지 보낼 수 있으며, 광우물이라고도 한다.

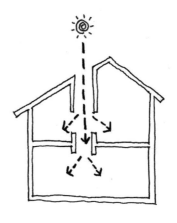

[그림 5-59 광정]

[2] 냉난방

(1) 일사조절(차양)

- 난방기간 중 일사의 실내수용
- 냉방기간 중 일사의 차단

① 수목을 이용한 차단
- 상록수
- 낙엽수
- 덩굴식물

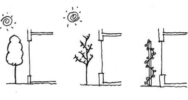

[그림 5-60 수목을 이용한 차단]

② 건축의 외부 차양장치
- 고정 차양장치

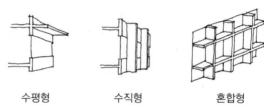

수평형   수직형   혼합형

[그림 5-61 고정 차양장치]

- 가변 차양장치
  - 롤블라인드

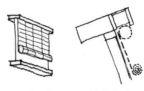

[그림 5-62 롤블라인드]

  - 가동식 돌출차양

[그림 5-63 가동식 돌출차양]

  - 창외측 차양판

[그림 5-64 차양판]

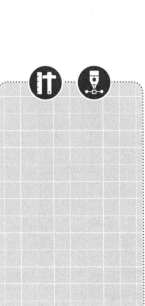

− 가동식 루버

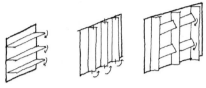

[그림 5-65 가동식 루버]

− 어닝

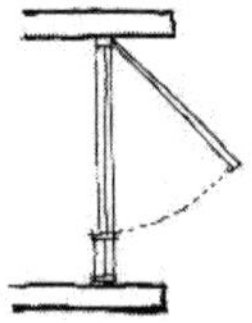

[그림 5-66 어닝]

• 기타 복합 기능의 차양장치

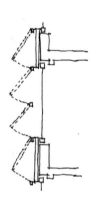

[그림 5-67 복합차양장치]

③ 건물의 내부 차양장치
• 커튼, 롤블라인드, 스크린장치, 베네시안블라인드, 버티컬블라인드, 단열셔터, 필름쉐이드 등

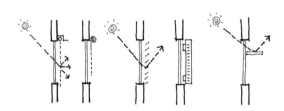

커튼 롤블라인드 베네시안 블라인드 단열셔터 광선반
[그림 5-68 건물 내부 차양장치]

④ 향에 따른 차양계획

• 남측 창

가장 효과적인 것은 수평차양과 이를 응용한 형태이다.

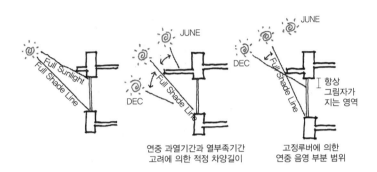

연중 과열기간과 열부족기간
고려에 의한 적정 차양길이

고정루버에 의한
연중 음영 부분 범위

[그림 5-69 남측 차양]

• 동서측 창

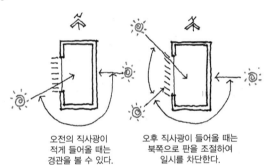

오전의 직사광이
적게 들어올 때는
경관을 볼 수 있다.

오후 직사광이 들어올 때는
북쪽으로 판을 조절하여
일시를 차단한다.

[그림 5-70 동서측 차양]

• 북측 창

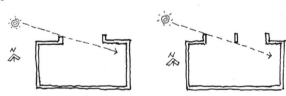

[그림 5-71 북측 차양]

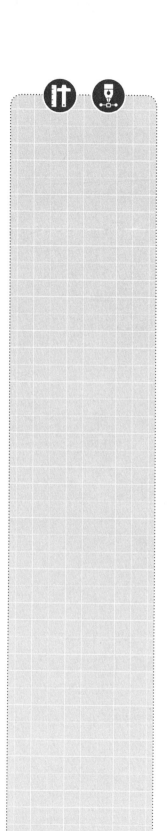

(2) 이중외피(Double-skin) 방식

완충공간을 이용하는 개념으로, 기존의 건물외피 앞에 어느 정도의 간격을 두고 또다른 외피를 바깥쪽에 덧붙인 개념이다.

cf. 이중외피(Double-Skin) 효과
① 냉난방 에너지 절감효과
  • 냉방에너지 절약
    - 중공층에서 열에너지를 배출시킴으로써 냉방에너지 소비 50% 이상 절감 가능하다.
  • 난방에너지 절약
    - 중공층에서 열에 의해 예열된 공기를 내부로 유입하여 환기에 의한 열손실을 줄인다.
    - 이중창호로써 열관류 값이 낮아져 단열효과가 약 20% 개선된다.

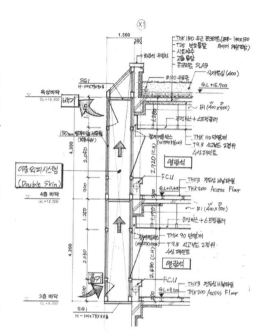

[그림 5-72 이중외피 효과]

② 자연환기/ 자연채광효과
  • 난방기 중 유효 자연환기시간이 80%까지 연장 가능하다.
  • 중공층부의 블라인더 기능으로 자연채광효과를 높인다.
  • 자연환기 성능을 개선함으로써 새집증후군 및 실내 공기질을 개선한다.
③ 차음효과 (일본 JIS 음향투과손실데이터 기준)
  • 차음효과 9dB 이상

	하절기	중간기	동절기		환기
사용방법					
	냉방 MODE	상시 MODE	난방 MODE	환기 MODE	환기 MODE

[그림 5-73 이중외피 사례]

(3) 건물녹화

① 옥상녹화

- 건물의 옥상, 지하주차장 상부에 건물의 구조에 영향을 미치지 않도록 인공지반을 조성하고, 잔디나 초목을 식재하여 녹화하는 기술이다.
- 사람들의 휴식이나 쉼터 등으로 다양한 공간활용이 가능하며, 지속적인 유지 관리가 필요하다.

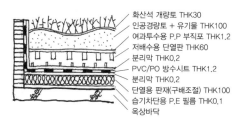

[그림 5-74 옥상녹화]

② 지붕녹화

경사가 완만한 지붕에 경량토를 중심으로 흙을 덮고, 잔디 등을 녹화하는 기술이다.

[그림 5-75 지붕녹화]

③ 벽면녹화

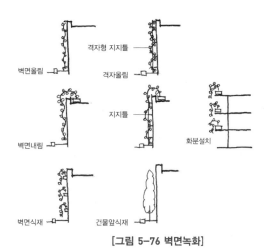

[그림 5-76 벽면녹화]

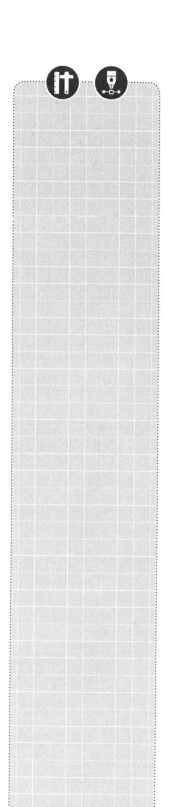

(4) 바닥난방

• 판넬히팅

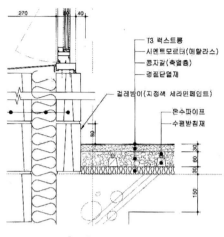

[그림 5-77 판넬히팅]

[3] 환기

실내공기를 신선한 외기와 교체함으로써 실내공기의 오염도를 낮추는 것이다.

(1) 자연환기

외부바람 및 실내외 압력차 등의 자연적인 구동력에 의해 상시 환기가 이루어질 수 있도록 하는 것이며, 일반적으로 창문을 열어 신선공기를 유입하게 하는 방법이다.

• 중력환기 : 실내외 온도차에 의한 공기 밀도차가 원동력
• 풍력환기 : 건물의 외벽면에 가해지는 풍압이 원동력

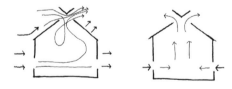

[그림 5-78 자연환기] 풍력환기 중력환기

(2) 기계환기

송풍기(팬) 등과 같은 기계식 또는 전기식 동력에 의하여 작동하는 기계장치를 설치하여 강제적으로 환기시키는 설비시스템이다.

• 1종환기(병용식 환기법) : 급배기 모두 기계력을 이용하는 방법으로 실내외의 압력차를 조정할 수 있고 가장 우수한 환기를 행할 수 있다.

- 2종환기(압입식 환기법) : 기계력에 의하여 급기하고, 배기는 자연적으로 행해지는 방법으로 공장과 같은 건물에 있어서 신선한 청정공기를 공급하는 경우에 많이 이용된다.
- 3종환기(흡출식 환기법) : 급기는 자연으로 행하고 기계력에 의하여 배기하는 방법으로 주방, 화장실 등 냄새 또는 유해가스, 증기발생이 있는 곳에 적합하다.

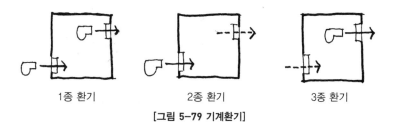

1종 환기   2종 환기   3종 환기

[그림 5-79 기계환기]

[4] 신재생 에너지(8분야)

(1) 태양열

태양열이용시스템(집열부, 축열부 및 이용부로 구성)을 이용하여 태양광선의 파동성질과 광열학적 성질을 이용 분야로 한 태양열 흡수·저장·열변환을 통하여 건물의 냉난방 및 급탕등에 활용하는 기술

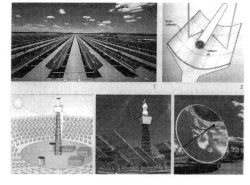

[그림 5-80 태양열 사례]

(2) 태양광

태양광발전시스템(태양전지, 모듈, 축전지 및 전력변환장치로 구성)을 이용하여 태양광을 직접 전기에너지로 변환시키는 기술이다.

[그림 5-81 태양광 사례 1]

[그림 5-82 태양광 사례 2]

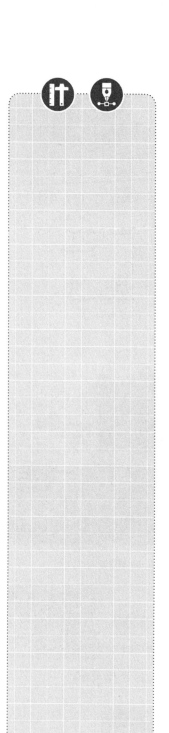

(3) 지열

지표면으로부터 지하로 수 m에서 수 km 깊이에 존재하는 뜨거운 물(온천)과 돌 (마그마)을 포함하여 땅이 가지고 있는 에너지를 이용하는 기술이다.

[그림 5-83 지열 사례]

(4) 풍력

풍력발전시스템(운동량변환장치, 동력전달장치, 동력변환장치 및 제어장치로 구성)을 이용하여 바람의 힘을 회전력으로 전환시켜 발생하는 유도전기를 전력 계통이나 수요자에게 공급하는 기술이다.

[그림 5-84 풍력 사례]

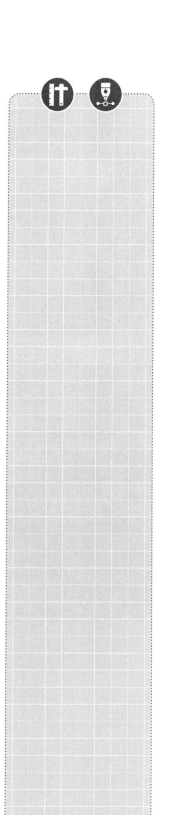

(5) 바이오매스

태양광을 이용하여 광합성되는 유기물(주로 식물체) 및 동 유기물을 소비하여 생성되는 모든 생물 유기체(바이오매스)의 에너지를 말한다.

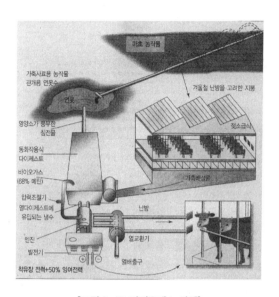

[그림 5-85 바이오매스 사례]

(6) 소수력

개천, 강이나 호수 등의 물의 흐름으로 얻은 운동에너지를 전기에너지로 변환하여 전기를 발생시키는 시설용량 10,000kW 이하의 소규모 수력발전시스템이다.

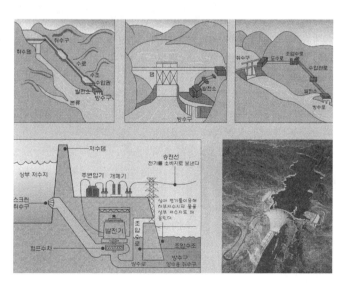

[그림 5-86 소수력 사례]

(7) 해양

해수면의 상승하강운동을 이용한 조력발전과 해안으로 입사하는 파랑에너지를 회전력으로 변환하는 파력발전, 해저층과 해수표면층의 온도 차를 이용, 열에너지를 기계적 에너지로 변환 발전하는 온도차 발전 등이 있다.

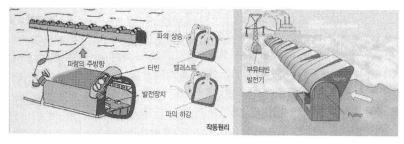

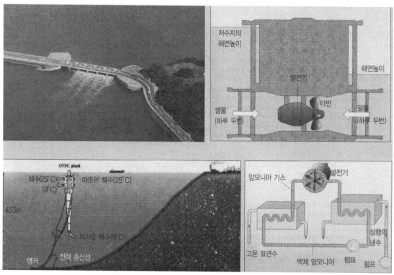

[그림 5-87 해양 사례]

※ 참고문헌

「자연과 함께하는 건축」김자
경 지음 시공문화사

「친환경건축의 이해」기문당
대한건축학회 부산 울산 경남
지원 편

http://www.energy.or.kr
(에너지관리공단 신재생에너
지센터 홈페이지)

(8) 폐기물

사업장 또는 가정에서 발생되는 가연성 폐기물 중 에너지 함량이 높은 폐기물을 열분해에 의한 오일화기술, 성형고체연료의 제조기술, 가스화에 의한 가연성 가스 제조기술 및 소각에 의한 열회수기술 등의 가공 · 처리 방법을 통해 연료를 생산하는 기술이다.

• 폐고무, 폐플라스틱, 폐타이어 ⇨ 열분해공정 ⇨ 경유급 연료유
• 폐윤활유, 폐유기용제 ⇨ 정제공정 ⇨ 경유급 연료 및 화학연료
• 종이, 나무, 폐플라스틱 등 ⇨ RDF제조공정 ⇨ 고체연료 ⇨ 가스화공정 ⇨ 기체연료

cf. 신에너지(3분야)
  − 석탄액화가스
  − 수소에너지
  − 연료전지

09. 계획프로세스 및 체크리스트

1. 계획프로세스

(1) 평면검토

① 구조검토(RC조, 철골조)
② 요구실
③ 조도분포 다이어그램 유무
④ 범례 : 요구설비 파악

(2) 문제지 정독

① 3회 이상 정독 : 설계 지문의 객관적 이해가 요구됨
② 유형 및 적용사항 파악

(3) 설계조건 분석

① 천장 시스템 구분 + 등기구 구분
② 조도범위 : 등기구 간격 체크, 천장 시스템 고려
③ HVAC : 취출구와 흡입구 설치조건, 덕트라인 설치조건

(4) 천장 그리드 및 조명기구의 배치

① 실별, 천장재별, 등기구별 검토
② 조명기구 간격 결정 : 텍스 간격과 벽면 반사 고려
③ 조명기구 최소화 조건(가로 · 세로 방향 체크)

(5) 스프링클러 헤드 배치

① 스프링클러 살수 반경 체크 : 헤드 간격 결정
② 최소화 조건 : 정형, 비정형
③ 살수 능력 균등하게 작도

(6) 공조설비 배치

① 취출구, 흡입구 개수 및 위치 선정
② 덕트 배치
① 급기 덕트 : 주 덕트 → 분기 덕트 → 신축성 덕트
② 환기 덕트 : 덕트 리턴, 플래넘 리턴
③ 방화 댐퍼

(7) 기타 조건 적용

① 감지기, 스피커, 비상구 사인 등 설치

(8) 도면 표현 정리 및 재검토

① 덕트 경로 > 조명등, 취출구, 흡입구 > 천장그리드 > 가선

2. 체크리스트

(1) 천장그리드

① 가장자리 천장텍스의 치수는 최대이고 일정한가?

② 주 그리드 교차 반자 철물은 조명기구나 분배기에 의해 절단되지 않았는가?

(2) 조명계획

① 각 실별로 요구한 조명기구 선택은 정확히 반영되어 있는가?

② 조도는 설계조건의 요구사항을 만족시키는가?

③ 조명등의 간격은 조도분포 다이어그램에 의한 요구간격과 일치하는가?

④ 조명 설비 간의 관계는 논리적인가? (대각선 배치는 피할 것)

⑤ 모든 실은 조명이 균일한가?

⑥ 조명기구가 벽에 지나치게 붙어 있지는 않았는가?

(3) 공조설비(HVAC) 계획

① 급·배기구(Diffuser)의 위치는 설계 요구조건에 부합된 일관성을 갖는가?

② 급·배기구(Diffuser)의 간격은 공기의 분배가 균일하게 이루어질 수 있도록 하였는가?

③ 모든 급기구(Supply Diffuser)는 덕트와 연결되었는가?

④ 고정 급기덕트는 설계조건에 요구된 허용지역에서만 보 또는 장선에 직각방향으로 계획되었는가?

⑤ 배기구(Return Diffuser)는 급기구(Supply Diffuser)로부터 적정한 간격으로 이격되었는가?

⑥ 덕트의 배치는 효율적인가?

⑦ 신축성(굽힘형) 덕트는 1개소의 급기구나 배기구에만 연결되었는가?

⑧ 신축성(굽힘형) 덕트의 길이는 설계조건의 허용범위 이내인가?

● 설비계획시 고려사항

① 합리적인 천장 그리드 작성
② 효율적인 조명등 배치계획
③ 합리적인 공조설비 계획
④ 적정한 스프링클러 헤드 배치계획

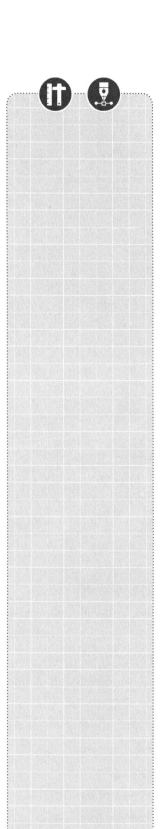

⑨ 천장 내부 공간을 이용한 배기방식에서는 고정덕트가 덕트구획 벽체로부터 수직 배기덕트와 연결되도록 하였는가?

⑩ 답안은 문제에 제시된 영역을 벗어나지 않도록 하였는가?

(4) 친환경설비

① 이중외피에 대한 구조 및 방식을 이해하였는가?

② 옥상조경의 구성 및 상세도 표현이 가능한가?

③ 태양광 전지패널에 대한 이해가 적절히 되었는가?

④ 자연채광 및 직사광 조절에 대한 요소를 이해하고 있는가?

⑤ 자연환기 및 환기조절에 대한 요소를 이해하고 있는가?

(5) 기타 사항

① 방화 댐퍼는 방화벽의 관통부에 계획하였는가?

② 비상구 표시등이 설계조건에 요구된다면 피난을 위한 출구에 계획하여 표현하였는가?

③ 스프링 클러 헤드의 배치간격은 적정한가?

④ 자동화재 탐지기의 배치는 합리적인가?

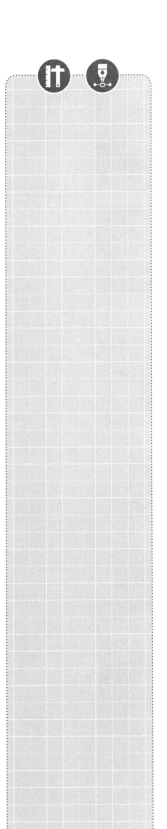

10. 사례

[냉각탑]

[덕트]

[스프링클러]

[비상유도등]

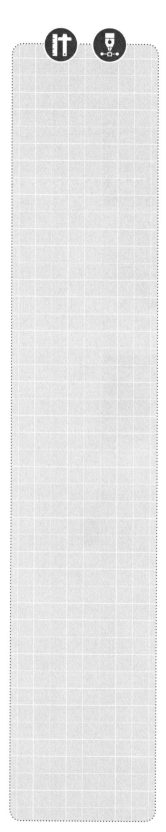

[천장시스템]

[취출구, 흡입구]

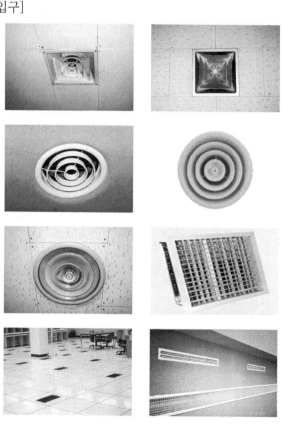

NOTE

③ 익힘문제 및 해설

01. 익힘문제

익힘문제1. 스프링클러 배치

다음 실 안에 스프링클러를 합리적으로 배치하시오.
살수범위는 2.3m이며 가는 실선으로 표현하시오.

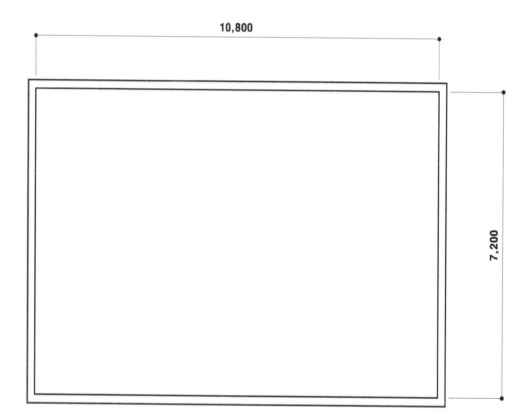

익힘문제 2.   반자 그리드 및 조명등 배치

다음 두 실에 반자 그리드를 배치하고 그 위에 형광등, 백열등을 각각 합리적으로 배치하시오.

반자그리드   **형광등**   **백열등**

〈규격 및 설치간격〉

- 반자그리드 : 1,200 × 600
- 형광등 : 1,200 × 300

  중심간격 : 2,400(길이방향) × 1,800(직각방향)

- 백열등 : 300

  중심간격 : 1,800

- 벽과 각 등의 간격은 설치 간격의 1/2 이내

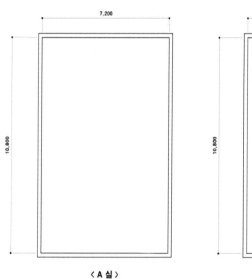

〈 A 실 〉   〈 B 실 〉

02. 답안 및 해설

답안 및 해설 1. 스프링클러 배치 답안

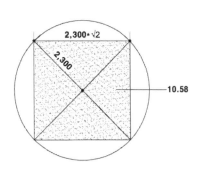

살수범위가 2.3m 이므로 2.3m의 원에 내접하는 사각형의 면적은
$2 \times (2.3)2 = 10.58m^2$임
그러므로 $(10.8 \times 7.2)/10.58 = 7.35$
따라서 8개 정도가 배치됨

2×4로 배치되므로 7.2m를 4로 나누어 1/4, 3/4 지점에 배치하고
10.8m를 8로 나누어 1/8, 3/8, 5/8, 7/8 지점에 배치한다.

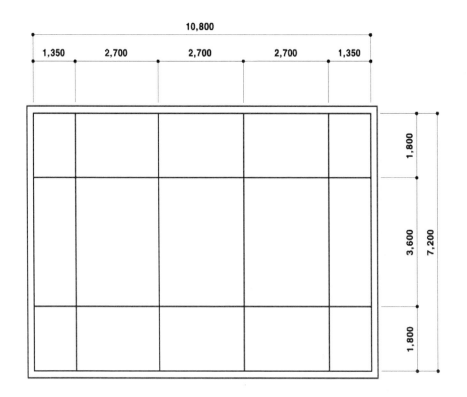

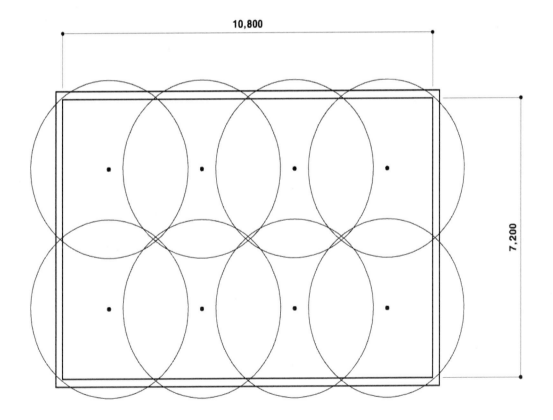

답안 및 해설 2. 반자 그리드 및 조명등 배치 답안

• A실

10.8/1.8=6   10.8/2.4=4.5

7.2/1.8=4   7.2/2.4 =3

7.2m 쪽은 모두 정수로 떨어지고 10.8m 쪽은

1.8로 나누었을 때만 정수로 떨어지므로

10.8m 쪽에 0.6 텍스를 배치한다.

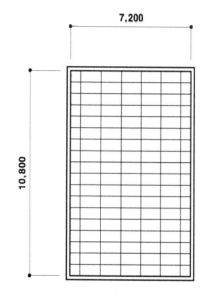

• B실

10.8/1.8=6   7.2/1.8=4

등개수 : 짝수×짝수

10.8/0.6=18   10.8/1.2=9

7.2/0.6=12   7.2/1.2=6

양쪽 모두 정수로 떨어지므로

짧은 쪽(7.2m)에 0.6 텍스를 배치한다.

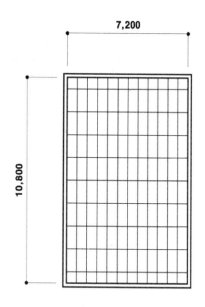

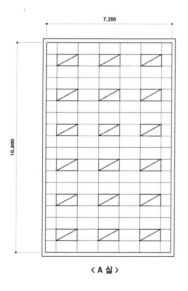

〈 A 실 〉

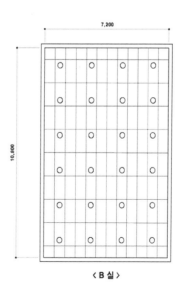

〈 B 실 〉

④ 문제 및 해설

01. 연습문제

연습문제 제목 : ○○회사사옥의 설비계획

1. 과제개요
제시된 평면은 ○○회사사옥의 부분평면도이다. 아래사항을 고려하여 효율적인 설비계획을 하시오.

2. 설계조건
(1) 건물개요
① 구조 : 철골 철근콘크리트조
② 외벽 : 커튼월
③ 층고 : 4.3m
④ 반자높이 : 3.0m(단, 시청각실과 복도는 2.4m)

(2) 조명계획
① 조명방식 : 전반조명방식
② 조명기구 : 600×600mm(매입형 형광등)
③ 조명간격 : 조도분포다이어그램 참조
④ 조명 계획 시 작업면(높이 0.9m)에서 700lux의 조도를 확보함
⑤ 형광등과 벽 사이의 간격은 형광등 사이간격의 1/2 이내로 함
⑥ 우물천장 내부는 백열등(중심간격 : 1.2m) 설치

(3) 공기조화설비 계획
① 공조방식 : 층별 공조방식
② 급기방식 : 간선덕트방식
③ 급기구 : 실의 용적 33m3마다 1개씩 설치(중심선 기준)
④ 플렉시블덕트(신축성 덕트)의 최대길이는 1.8m임
⑤ 사무실의 환기는 플래넘환기방식이며, 시청각실은 덕트환기방식임(환기구 수는 급기구 수의 1/2임)
⑥ 고정각형 덕트는 모든 설비요소의 상부를 지나지 않도록 계획함

⑦ 덕트는 공조기의 기존 덕트에서 연결하며 계획부분 이외의 실은 고려할 필요 없음
⑧ 모든 벽체는 상부 슬래브와 밀착되지 않는 벽체임
⑨ 급기구와 환기구는 1m 이상 이격함

(4) 기타
① 사무실은 향후에 동일한 면적의 2개실로 분할 예정
② 사무실에는 동일한 크기의 우물천장(1.8m×1.8m) 2개를 계획하며 우물천장의 마감은 석고보드 위 페인트 마감이며, 기타 부분(시청각실 포함)의 천장은 흡음텍스(0.6m×0.6m) 마감임
③ 모든 설비요소는 도면에 표시된 점선 내부에만 계획함(단, 덕트는 예외)
④ 방화댐퍼 및 스프링클러는 고려하지 않음
⑤ 모든 설비요소 배치시 균제도를 고려하여 배치함
⑥ 우물천장은 천장 내 공간이 협소하므로 조명 이외의 설비는 배치하지 않도록 함

3. 도면작성
(1) 제시된 평면도에 천장평면도를 작성(축척 : 1/200)
(2) 설비기구 표현은 도면의 범례를 참조하여 작성
(3) 단위 : mm

4. 유의사항
(1) 제도는 반드시 흑색연필로 한다.(기타는 사용금지)
(2) 계조건 이외의 사항은 현행 관계 법령의 범위 안에서 임의로 한다

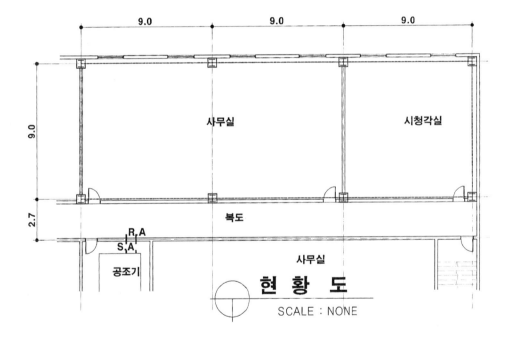

현 황 도

SCALE : NONE

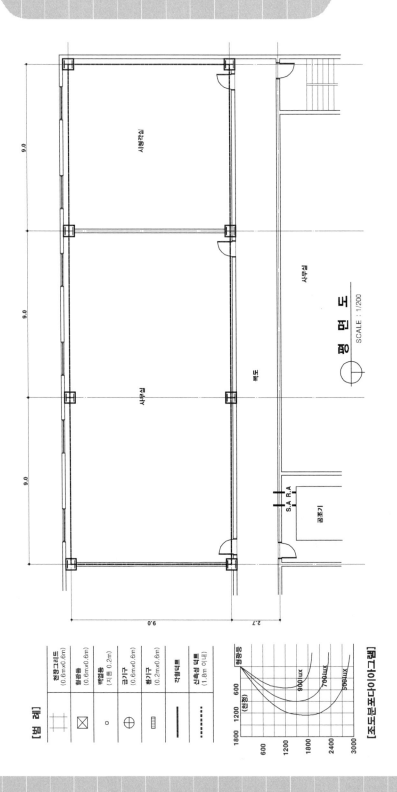

02. 답안 및 해설

답안 및 해설	제목: 주거복합시설의 최대 건축가능영역

(1) 설계조건분석

제목 : ○○회사 사옥의 설비계획

1. 과제개요.

⤷ 부분평면도 : 효율적인 설비 계획.
　　　　　　　　조명·공조.

2. 설계조건.

(1) 건물개요
　① 구조 : 철골철근 콘크리트조
　② 외벽 : 커튼월
　③ 층고 4.3m
　④ 반자높이 2.0m
　　(단, 시청각실, 복도 : 2.4m)

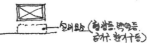

(2) 조명계획
　① 조명방식 : 전반조명 방식.
　② 조명기구 : 600×600mm 매입형광등.
　③ 조명간격 : 조도분포 다이어그램 참조 (법례)
　④ 조명계획시 작업면 (높이 0.9m)에서
　　700 lux 조도 확보

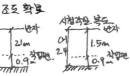

⑤ 형광등와 벽사이 거리 : 형광등사이 거리의 1/2.

⑥ 우물천장 내부 — 벽면등 (중심간격 1.2m)
　　(1.8×1.8m)

(3) 공기조화설비.
　① 층별 공조방식
　② 급기 : 간반덕트방식.
　③ 급기구 : 실의 용적 33㎥ 마다 1개소 (중심선기준).
　④ 플랙시블덕트 (신축성덕트) : 최대길이 1.8m
　⑤ 사무실 환기 ··· 틈새넘 환기 ┐ 환기구수는
　　　시청각실 환기 ··· 덕트 환기 ┘ 급기구수의 1/2.
　⑥ 고정각형덕트 - 단부R及 상부·계획X.

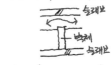
　　　　　　⟶설비요소 (형광등.벽면등.
　　　　　　　　　　　급기. 환기구등)

　⑦ 덕트는 공조기의 기존 덕트에서 연결.
　　계획부분 이외의 수은 고려X.

　⑧ 모든 벽체 : 상부슬래브와 밀착X.

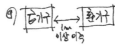
　　　　　　　슬래브
　　　　　　　벽체
　　　　　　　슬래브

　⑨ 급기구 ←1m→ 환기구
　　　　이상 이격

(4) 기타

① 사무실 → 향후 동일면적의 2개실로 분할예정.

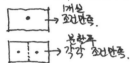

② 사무실에는 - 1.8x1.8 우물천장 2개소.
(마감 : 석고보드위 페인트)

기타부분 (사정각실 포함) 0.6m x 0.6m 흡음텍스

③ 모든 설비요소 - 도면에 표시된 점선내부에 계획
(단, 덕트는 예외)

④ 방화댐퍼) 고려 X
스프링클러)

⑤ 모든 설비요소 배치시 규제도 고려   ①

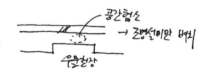

3. 도면작성요령.

(1) 천장평면도 1/100.

(2) 실내 가구 포함 … 범례 참조

(3) mm

4. 유의사항.

(2) 텍스 및 조명설비 계획

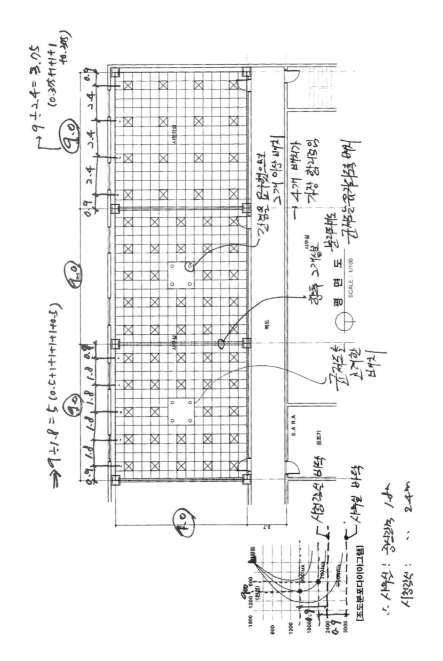

평 면 도   SCALE : 1/100

(3) 공조설비 배치

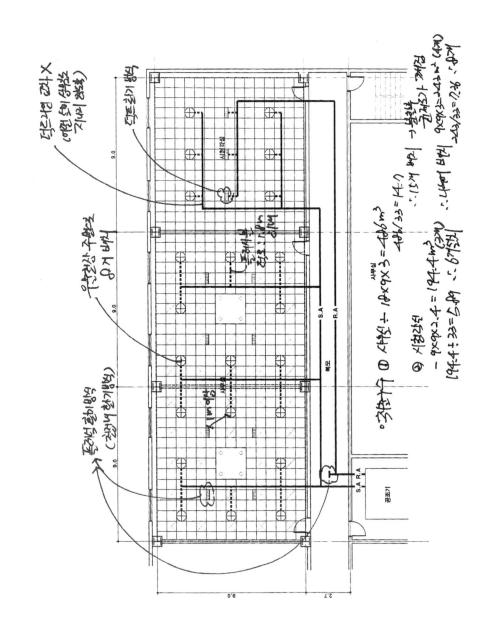

(4) 답안분석

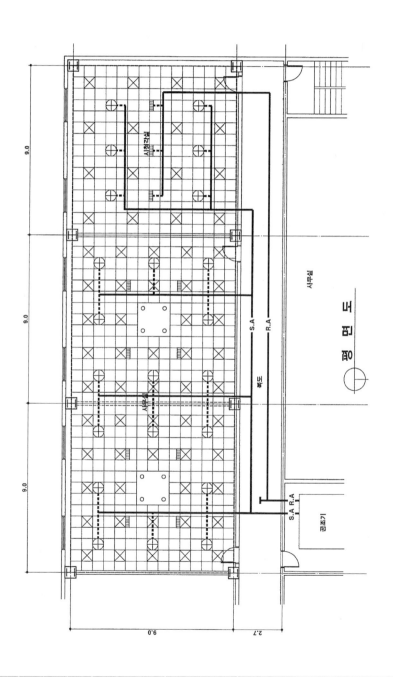

(5) 모범답안

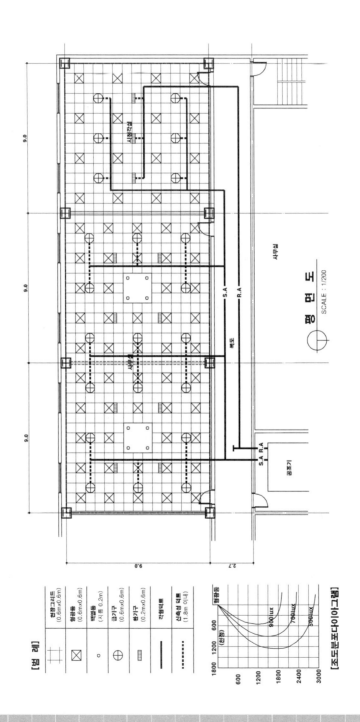

NOTE

건축사자격시험대비 **건축설계 2**

발행일　2010년　1월　10일　초판 발행
　　　　　2012년　2월　01일　1차　개정
　　　　　2013년　1월　10일　1차　개정 2쇄
　　　　　2014년　2월　20일　2차　개정
　　　　　2015년　2월　10일　2차　개정 2쇄
　　　　　2017년　2월　01일　2차　개정 3쇄
　　　　　2019년　3월　10일　3차　개정
　　　　　2020년　1월　05일　3차　개정 2쇄
　　　　　2020년 10월　30일　3차　개정 3쇄
　　　　　2022년　5월　20일　3차　개정 4쇄
　　　　　2023년　4월　30일　3차　개정 5쇄
　　　　　2024년　4월　15일　4차　개정

저자　　김영훈 · 김보근 · 원미영 · 김보선 · 정선교
　　　　　오세문 · 안대호 · 서연주 · 강태구

발행인　정용수

발행처　예문사

주소
경기도 파주시 직지길 460(출판도시) 도서출판예문사
TEL: (031)955-0550/FAX: (031)955-0660

등록번호 제11-76호

정가 27,000원

ISBN 978-89-274-5428-1 13540